康养休闲旅游服务系列教材

专家指导委员会主任｜韩玉灵

总主编｜赵晓鸿

旅游安全基础知识

主　编◎祝红文　梁悦秋

副主编◎马　萍

北京·旅游教育出版社

图书在版编目（CIP）数据

旅游安全基础知识 / 祝红文，梁悦秋主编. -- 北京 : 旅游教育出版社，2021.8

康养休闲旅游服务系列教材

ISBN 978-7-5637-4285-1

Ⅰ. ①旅… Ⅱ. ①祝… ②梁… Ⅲ. ①旅游安全－基本知识－教材 Ⅳ. ①X959

中国版本图书馆CIP数据核字(2021)第147763号

康养休闲旅游服务系列教材

旅游安全基础知识

祝红文　梁悦秋　主编

总策划	丁海秀
执行策划	蒴　鑫
责任编辑	蒴　鑫
出版单位	旅游教育出版社
地　　址	北京市朝阳区定福庄南里1号
邮　　编	100024
发行电话	（010）65778403　65728372　65767462（传真）
本社网址	www.tepcb.com
E-mail	tepfx@163.com
排版单位	北京旅教文化传播有限公司
印刷单位	北京柏力行彩印有限公司
经销单位	新华书店
开　　本	710毫米 ×1000毫米　1/16
印　　张	16.5
字　　数	247千字
版　　次	2021年8月第1版
印　　次	2021年8月第1次印刷
定　　价	48.00元

（图书如有装订差错请与发行部联系）

系列教材专家指导委员会、编委会

专家指导委员会

编委会

《旅游安全基础知识》编委会

总 序

当今中国，旅游产业欣欣向荣，新兴旅游方式与新业态如雨后春笋般蓬勃发展。康养休闲旅游作为新兴旅游业态，其市场规模呈快速增长态势。康养旅游中的森林康养旅游、温泉康养旅游、中医药康养旅游、运动康养旅游、康养旅居等更加专业化，休闲旅游中的户外休闲旅游、文化休闲旅游、运动休闲旅游、康乐休闲旅游等层出不穷。

中国康养休闲旅游快速发展，产业规模逐年增长，且发展空间巨大，但人才培养严重滞后。为此，四川省旅游学校于2015年创设巴蜀武术养生学院，探索康养旅游专业方向的学历教育，开启了中国康养旅游职业教育的先河；2016年成功申报休闲体育服务与管理专业（康养旅游方向），并于2017年开始招生；2018年以巴蜀武术养生学院为基础，正式成立康养旅游系。2019年5月，由四川省旅游学校主持论证的康养休闲旅游服务专业正式纳入教育部新增专业目录。受教育部和全国旅游职业教育教学指导委员会委托，我们带领团队完成了康养休闲旅游服务专业教学标准和部分专业核心课程标准的研制工作；2020年又完成了全国旅游职业教育教学指导委员会立项的《康养休闲旅游实训基地的规划与建设》课题研究任务。

新专业需要新的教材体系做支撑，康养休闲旅游服务专业急需一套与之相适应的专业教材。根据前期积累的教育教学与专业建设经验，我们在旅游教育出版社的大力支持下，开始筹划全国首套康养休闲旅游服务系列教材的编写与出版工作。

2020年初，四川省旅游学校牵头组织了一个覆盖全国的多行业、多学科专家团队，开启了艰难的教材研究与编写工作。专家团队涵盖四川大学、四川农业大学等985、211重点高校，成都中医药大学、西南医科大学、成都体育学院等专业院校，云南旅游职业学院、青岛酒店管理职业技术学院、太原旅游职业学院、沈阳市旅游学校、武汉市旅游学校等众多旅游院校，共有40余所院校参与了教材研究与编写工作；此外，我们还邀请了10多家行业企业的专家参与此项工作，专家团队规模达160余人。在研究数据缺乏、案例稀少、没有更多可借鉴参考资料的情况下，历时一年多时间，相继完成了系列教材中首批教材的编写，于2021年8月后陆续出版。

本套教材既可作为中高职职业教育旅游类专业教学用书，也可作为职业本科旅游类专业教育的参考用书，同时可作为工具书供从事旅游服务与管理的企事业单位专业人员借鉴与参考。

作为全国第一套康养休闲旅游服务系列教材，肯定还存在很多缺陷与不足，恳请读者指正，我们将在再版过程中予以完善与修正。

总主编：

2021年8月

目　录

前言

旅游安全是旅游业发展的前提，是旅游业的生命线。它不仅关系到广大游客的生命财产安全，也关系到我国旅游业的持续稳定发展和中国旅游的国际形象。我国历来重视旅游安全，通过立法和采取相关举措保障旅游业健康发展。作为旅游从业者，更应充分认识旅游安全形势及旅游安全工作的长期性、艰巨性和复杂性，高度重视并努力做好旅游安全保障工作。

为切实落实旅游安全的“安全第一”原则，本教材旨在让学习者了解基本的安全常识，较为全面、系统地理解和掌握旅游安全基本知识、基本规范，提高应对旅游突发事件的能力和技巧，在旅游服务过程中能做好安全预防工作，科学有效应对突发旅游安全事件，正确合理地做好善后处置事项，从而减少旅游安全事件发生的概率和造成的损失。

本教材共分九章：旅游安全概述、旅游饮食安全防范与应对、旅游住宿安全防范与应对、旅游景区安全防范与应对、旅游购物安全防范与应对、旅游娱乐安全防范与应对、户外旅游活动安全防范与应对、自然灾害的防范与应对、旅游突发事件的安全防范与应对。教材编写是以立德树人为宗旨，以旅游安全防范与应对为主线，贯穿“食、住、行、游、购、娱”旅游六要素，紧密联系旅游服务工作实际，突出应用性和实践性，注重学生职业能力和可持续发展能力的培养，兼顾“中、高、本”衔接培养。

本教材的主要特色如下：

（1）编写思路与时俱进。本教材力争将最新的行业信息、数据、案例呈献给读者。书中加大了案例分析的比例，注重做中学、做中教，教、学、做合一，理论实践一体化，符合学生的认知规律和阅读习惯，贴近教学实际。

（2）编写体例凸显创新。本教材强调知识性和可操作性，把旅游安全防范与应对程序的细节一一罗列和整理，注重知识的基础性、全面性和通用性。

（3）编写内容定位准确。本教材强调工作过程、技术流程的规范性和严谨性，融知识性、实用性、趣味性为一体，以启发学生的思维，拓展学生的视野，丰富学生的间接经验，具有一定的直观性和可读性。

（4）配套资源有的放矢。本教材在各章节穿插图表、示例、案例等内容，并将延伸知识制作成二维码嵌入教材中。教材内容与数字化教学资源紧密结合，纸质教材配套多媒体、网络教学资源，形成数字化、立体化的教学资源体系，为促进职业教育教学信息化提供有力支持。

本教材由祝红文、梁悦秋主编，马萍担任副主编，八位对旅游安全有深度研究和实践经验的老师参与编写。其中，第一章由烟台文化旅游职业学院王燕燕老师编写；第二章由沈阳市旅游学校李君娜老师编写；第三章由四川省平昌县职业中学张敏老师编写；第四章由四川省旅游学校祝红文书记和漆建坤主任编写；第五章由呼和浩特市商贸旅游学校王彩霞老师编写；第六章由四川省旅游学校李琴老师编写；第七章由四川省南江县小河职业中学吴晓玉老师编写；第八章由沈阳市旅游学校梁悦秋副校长和马萍主任编写；第九章由梁悦秋副校长和王玲副主任编写；附录部分由祝红文和梁悦秋编写。

本教材在编写过程中得到了旅游企业专业技术人员和兄弟院校专业教师的鼎力支持与合作，是校企、校际合作的成果。在此，还要特别感谢专家指导委员会主任韩玉灵等专家对教材编写的大力支持和帮助！

本书体系完整，除作为教学用书之外，也可作为旅游行政管理部门和旅游企业的培训教材使用，同时也推荐旅游知识的爱好者阅读。

由于笔者的学识水平和实践经验有限，书中出现疏漏和错误在所难免，恳请各位读者斧正。

全体编者

2021 年 9 月 10 日

第一章

旅游安全概述

本章重点

旅游安全，指旅游活动可以容忍的风险程度，是对旅游活动处于平衡、稳定、正常发展状态的一种统称，主要表现为旅游者、旅游经营者和旅游目的地等主体不受威胁和外界因素干扰，而免于承受身心压力、伤害或财产损失的自然状态。

本章包括旅游安全的概念；旅游突发事件的应急管理；旅游安全事故的责任界定与追究等内容。重点讲解旅游安全事故的责任界定与追究，提升旅游安全意识，确保旅游活动顺利开展。

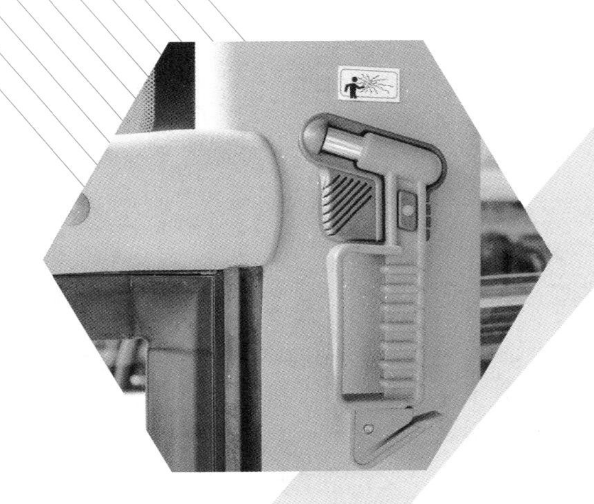

学习要求

了解旅游安全的概念、特征、类型；熟悉旅游安全突发事件的等级，掌握旅游突发事件的应急处理；掌握旅游安全事故的责任界定与追究。提升旅游安全意识，确保旅游活动顺利开展。

本章思维导图

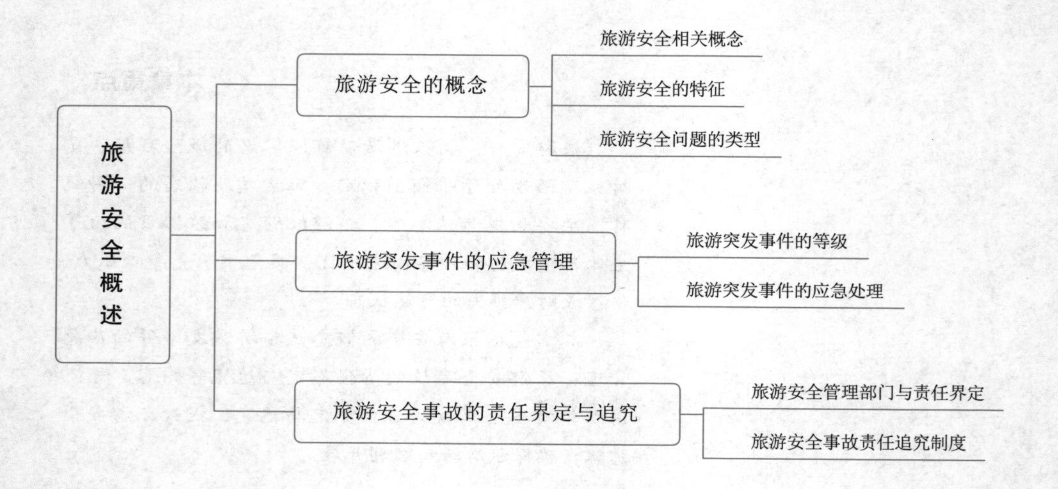

第一节　旅游安全的概念

旅游安全是旅游业持续、健康、稳定发展的前提和基础。在旅游活动中，由于游客人数的增长，出现的旅游安全事故也随之增加，作为旅游从业人员，要把保障游客的人身、财产安全放到首位，没有安全，就没有旅游。

一、旅游安全相关概念

在游客进行旅游活动的过程中，一旦发生旅游安全事故，将会给他们的身心带来巨大影响，整个旅游行业也会遭受打击。因此，作为旅游从业人员，在开展旅游活动的过程中，要排除影响旅游活动安全的意外因素，保障旅游活动的顺利进行，促进旅游业正常有序的发展。

（一）旅游安全

旅游安全，指旅游活动可以容忍的风险程度，是对旅游活动处于平衡、稳定、正常发展状态的一种统称，主要表现为旅游者、旅游经营者和旅游目的地等主体不受威胁和外界因素干扰，而免于承受身心压力、伤害或财产损失的自然状态。

旅游安全是一种需要保护、保障和管理的和谐状态，各类安全隐患因素都有可能破坏旅游安全状态，对旅游者造成伤害，导致旅游安全事故的发生。

（二）旅游安全事故

旅游安全事故，指旅游经营者在旅游经营或与旅游经营有关的活动中突然发生的，造成或可能造成旅游者、旅游从业人员或旅游经营者人身伤亡或财产损失，导致该旅游经营活动或有关活动中止或永久终止的意外事件。

旅游安全事故既包括旅游设施设备事故、火灾事故、踩踏挤压事故等灾难事故，也包括因不当操作导致的行程延迟、行李丢失等旅游业务事故。

在旅游活动中，凡涉及旅游者人身、财产安全的事故均为旅游安全事故。

（三）旅游安全问题

旅游安全问题，指旅游活动中表现出来的与旅游安全相矛盾或冲突的各种现象。

旅游安全问题既包括旅游主体的安全思想、安全意识问题，也包括发生在旅游活动中各相关主体间的安全事故。

（四）旅游安全管理

旅游安全管理，指面向整个旅游行业，通过提高旅游行业的安全管理水平，预防和减少旅游突发事件，以保障旅游者和旅游从业人员的人身、财产安全，保障旅游经营者以安全运营为目标的各项工作的统称。

二、旅游安全的特征

旅游业的特性决定了旅游安全的特征主要表现在以下方面：

（一）广泛性

旅游活动涉及很多方面，旅游安全问题在食、住、行、游、购、娱等旅游活动中广泛存在。从整个社会来看，旅游安全事故很难避免。旅游安全不仅涉及游客，还与旅游目的地居民、旅游从业者、旅游主管部门，以及包括公安部门、医院等在内的旅游目的地的各种社会机构相互联系，影响广泛，也是社会舆论和人民大众广泛关注的焦点。

（二）集中性

集中性主要表现在两个方面。一方面，从旅游活动的要素来看，旅游活动包括食、住、行、游、购、娱六个要素，根据相关的统计数据发现，旅游安全问题集中发生在游览和住宿这两个环节。另一方面，从旅游安全的表现形式来看，旅游安全问题主要表现为犯罪、疾病（或中毒）和交通事故。

（三）巨大性

旅游安全问题造成的破坏和危害巨大，不仅会给游客造成巨大的经济与名誉损失，而且可能还会威胁到他们的生命，甚至造成旅游经营者的财产损失等，从而使整个社会遭受巨大的损失。因为“涟漪效应”的出现，严重的还会影响旅游安全问题发生地旅游业及相关产业的发展，甚至危及国家的形象和声誉。

（四）隐蔽性

旅游安全问题具有一定的隐蔽性，发生前的征兆一般不明显，很难做出准确的预测，一旦爆发往往难以控制。旅游安全的隐蔽性造成了防范的困难，因此，旅游目的地应建立安全预警系统，以便及时采取措施予以应对。

（五）突发性

旅游安全问题的发生带有不确定性，往往不期而至，常常在意想不到、毫无防备的状况下突然发生，爆发前基本没有明显征兆，令人猝不及防。因此，游客、旅游主管部门和旅游从业人员应该提前做好应对各种突发问题的准备。

（六）特殊性

旅游活动中，游客为了追求精神上的愉悦，常常疏于安全防范，因此旅游过程中发生的安全问题不同于一般的民事、刑事案件，也不同于其他行业的安全问题，有其自身的规律性和特殊性。

（七）复杂性

旅游是一项开放性的活动，游客旅游的目的有娱乐、度假、运动、保健、商务学习、探亲、访友或进行宗教活动等，因此，旅游经营者面对的服务对象极为复杂。同时，影响旅游安全的因素广泛而复杂，包括自然、政治、经济、社会环境等方面。旅游安全工作除防火、防食物中毒外，还要防盗、防暴力、防各种自然以及人为灾害等，这就表现出了极大的复杂性。

三、旅游安全问题的类型

旅游安全问题贯穿于旅游的全过程，表现形态多样。从微观层面按旅游活动的六要素，可以划分为旅游活动中饮食、住宿、景区、购物、娱乐、户外旅游、自然灾害七个方面的旅游安全问题。

（一）旅游饮食安全

饮食安全是旅游行程顺利完成的必要基础和重要保障。尽管我国旅游相关配套设施不断完善，但旅游饮食问题仍然频发。饮食安全问题主要表现为食物中毒、饮食引发的疾病和水土不服等。食品生产者和经营者应当依法经营，加强对食品卫生的管理，注意食品在加工、运输、储存、销售等环节的卫生安全；不能滥用食品添加剂或者将非食品原料作为食品销售。

（二）旅游住宿安全

旅游住宿作为旅游活动的六大基本要素之一，十分重要。游客在整个旅游活动过程中都处于陌生的环境，因此容易产生安全问题。旅游住宿中的安全问题主要表现为盗窃案件、火灾、隐私名誉安全等。住宿企业应该全面提升保障游客安全的能力，作为游客也应该提高自身的安全防范意识，作为旅游从业人员，也需要采取必要措施保护游客的人身和财产安全，确保旅游活动的顺利进行。

（三）旅游景区安全

旅游景区是游客的旅游目的地，确保游客的人身安全和财产安全是景区的首要工作。景区安全问题主要有景区内犯罪、自然灾害、设施设备问题等。旅游景区代表了旅游目的地的整体形象，一旦发生安全问题，必定会给当地旅游业带来负面影响。因此，旅游景区应当根据国家和地方的法律法规规定，建立健全旅游安全保障体系和相应的应急预案，确保游客在旅游景区的安全。

（四）旅游购物安全

提供丰富的旅游购物资源，满足游客的购物体验需求，已经成为旅游目的地最具有吸引力的内容之一，也是旅游活动中最有发展空间的环节之一。但是在旅游投诉中，购物纠纷占有相当大的比重。购物安全问题主要有遭遇欺诈、偷窃、抢劫、勒索和火灾等。作为旅游过程中不可缺少的一部分，旅游购物安全不仅需要国家政策的支持，还需要稳定安全的发展环境。作为旅游从业人员，要为游客提供良好的购物环境和购物体验，避免诱导、强制消费和盗刷信用卡等问题的出现。

（五）旅游娱乐安全

旅游娱乐业是旅游业的重要组成部分，文明健康的娱乐活动能够增加旅游乐趣，消除旅游疲劳，促进游客身心健康。但是，娱乐场所是一个人员混杂、气氛热烈、容易引发安全问题的场所。旅游娱乐安全问题主要有发生在娱乐场所的火灾、打架斗殴、偷窃、黄赌毒、游客设施安全等。旅游娱乐安全问题不仅给游客造成身心伤害，也会使旅游经营者蒙受经济损失，更会给目的地的旅游业带来巨大经济损失的同时，影响旅游业的发展。

（六）户外旅游安全

随着社会的发展和科技的进步，户外旅游越来越受到人们的欢迎。但由于有关的旅游基础设施和安全体系相对滞后，游客安全意识淡薄，缺少户外运动经验等原因，户外旅游安全问题频发。这些问题主要有中暑、山火、山洪、山体塌方、雷击、野兽袭击等。要想预防和降低我国户外旅游安全事故

图 1–1　滑翔伞是时下比较热门的户外旅游项目，但安全风险也比较高

的发生，除了游客必须提高自身的安全意识，旅游从业人员也应该做好安全隐患排查和危险预警等保障工作。

（七）自然灾害

自然灾害危害性大，难控制，对旅游业的影响较大。常见的自然灾害有地震、台风、海啸、泥石流、山体滑坡等。在旅游行程中如果发生自然灾害，常常会造成旅游者死亡和重大经济损失。这些损失会给当地的旅游业和相关产业带来巨大的负面影响。因此，旅游经营者应掌握灾害急救和预防知识，提前做好应急预案，将自然灾害给旅游业带来的影响降到最低。

第二节　旅游突发事件的应急管理

根据《旅游安全管理办法》第三十九条规定，旅游突发事件是指突然发生，造成或者可能造成旅游者人身伤亡、财产损失，需要采取应急处置措施予以应对的自然灾害、事故灾难、公共卫生事件和社会安全事件。

一、旅游突发事件的等级

根据旅游突发事件的性质、危害程度、可控性以及造成或者可能造成的影响，旅游突发事件一般分为特别重大、重大、较大和一般四级。

（一）特别重大旅游突发事件

特别重大旅游突发事件，是指下列情形：

1. 造成或者可能造成人员死亡（含失踪）30 人以上或者重伤 100 人以上；

2. 旅游者 500 人以上滞留超过 24 小时，并对当地生产生活秩序造成严重影响；

3. 其他在境内外产生特别重大影响，并对旅游者人身、财产安全造成特别重大威胁的事件。

（二）重大旅游突发事件

重大旅游突发事件，是指下列情形：

1. 造成或者可能造成人员死亡（含失踪）10 人以上、30 人以下或者重伤 50 人以上、100 人以下；

2. 旅游者 200 人以上滞留超过 24 小时，对当地生产生活秩序造成较严重影响；

3. 其他在境内外产生重大影响，并对旅游者人身、财产安全造成重大威胁的事件。

（三）较大旅游突发事件

较大旅游突发事件，是指下列情形：

1. 造成或者可能造成人员死亡（含失踪）3 人以上 10 人以下或者重伤 10 人以上、50 人以下；

拓展阅读

2. 旅游者 50 人以上、200 人以下滞留超过 24 小时，并对当地生产生活秩序造成较大影响；

3. 其他在境内外产生较大影响，并对旅游者人身、财产安全造成较大威胁的事件。

（四）一般旅游突发事件

一般旅游突发事件，是指下列情形：

1. 造成或者可能造成人员死亡（含失踪）3 人以下或者重伤 10 人以下；

2. 旅游者 50 人以下滞留超过 24 小时，并对当地生产生活秩序造成一定影响；

3. 其他在境内外产生一定影响，并对旅游者人身、财产安全造成一定威胁的事件。

二、旅游突发事件的应急处理

（一）旅游突发事件发生后应采取的措施

旅游突发事件发生后，发生地县级以上旅游主管部门应当根据同级人民政府的要求和有关规定，启动旅游突发事件应急预案，并采取下列一项或者多项措施：

1. 组织或者协同、配合相关部门开展对旅游者的救助及善后处置，防止次生、衍生事件；

2. 协调医疗、救援和保险等机构对旅游者进行救助及善后处置；

3. 按照同级人民政府的要求，统一、准确、及时发布有关事态发展和应急处置工作的信息，并公布咨询电话；

4. 参与旅游突发事件的调查，配合相关部门依法对应当承担事件责任的旅游经营者及其责任人进行处理。

（二）旅游突发事件报告制度

各级旅游主管部门应当建立旅游突发事件报告制度。旅游主管部门在接到旅游经营者的报告后，应当向同级人民政府和上级旅游主管部门报告。一般旅游突发事件上报至设区的市级旅游主管部门；较大旅游突发事件逐级上报至省级旅游主管部门；重大和特别重大旅游突发事件逐级上报至文化和旅游部。向上级旅游主管部门报告旅游突发事件，应当包括下列内容：

1. 事件发生的时间、地点、信息来源；
2. 简要经过、伤亡人数、影响范围；
3. 事件涉及的旅游经营者、其他有关单位的名称；
4. 事件发生原因及发展趋势的初步判断；
5. 采取的应急措施及处置情况；
6. 需要支持协助的事项；
7. 报告人姓名、单位及联系电话。

以上内容暂时无法确定的，应当先报告已知情况；报告后出现新情况的，应当及时补报、续报。

（三）旅游突发事件信息通报制度

各级旅游主管部门应当建立旅游突发事件信息通报制度。旅游突发事件发生后，旅游主管部门应当及时将有关信息通报相关行业主管部门。旅游突发事件处置结束后，发生地旅游主管部门应当及时查明突发事件的发生经过和原因，总结突发事件应急处置工作的经验教训，制定改进措施，并在30日内按照下列程序提交总结报告：

1. 一般旅游突发事件向设区的市级旅游主管部门提交；
2. 较大旅游突发事件逐级向省级旅游主管部门提交；
3. 重大和特别重大旅游突发事件逐级向文化和旅游部提交；
4. 旅游团队在境外遇到突发事件的，由组团社所在地旅游主管部门提交总结报告；

省级旅游主管部门应当于每月5日前，将本地区上月发生的较大旅游突发事件报文化和旅游部备案，内容应当包括突发事件发生的时间、地点、原因及事件类型和伤亡人数等。

县级以上地方各级旅游主管部门应当定期统计分析本行政区域内发生旅游突发事件的情况，并于每年1月底前将上一年度相关情况逐级报文化和旅游部。

案例 1-1

宋某、仲某夫妇及其8个月大的婴儿等十名游客在某景区上码头乘坐竹筏开始漂流。竹筏工为张某，导游为王某，筏上配有12件救生衣。上筏时宋某、仲某夫妇等游客均没有穿救生衣，旅游公司没有提供专为婴儿配备的救生装备，也未提醒游客带婴儿上筏的危险性和注意事项。筏工和导游也都未穿救生衣。

竹筏漂流约20分钟后至一险滩，由于竹筏工操作失误，筏上游客宋某、仲某夫妇及其婴儿和另一对夫妇共五人落水。随后，婴儿被岸边民工救起。宋某、仲某被救上岸后，经抢救无效死亡。整个过程中，竹筏工张某一直没有采取积极的施救措施。

请分析：本次旅游突发事件的级别及该旅游景区应承担的责任。

【分析要点】

此次事故为一起漂流旅游安全责任事故，因有两名游客不幸遇难，属于一般旅游突发事件。通过案例内容可见，当事人竹筏工张某操作失误引发事故，同时又未进行及时施救，造成两名游客溺水身亡，其负有刑事责任。当事人漂流景区导游王某，未制止不安全服务行为，未有明确施救行为，未履行职责，根据《旅游安全管理办法》相关规定予以处罚。当事景区在安全管理上出现漏洞，应受到经济处罚和行政处分。漂流项目所属单位应对溺水死亡游客进行经济赔偿。

第三节　旅游安全事故的责任界定与追究

没有安全，便没有旅游业的发展，旅游安全是旅游业的生命线。为加强旅游安全管理工作，保障游客的人身、财产安全，国家有关部门先后制定了一系列法律法规，如《中华人民共和国旅游法》《中华人民共和国安全生产法》《中华人民共和国突发事件应对法》《旅行社条例》《生产安全事故报告和调查处理条例》《旅游安全管理办法》等，这些法律法规对旅游安全事故的责任界定与追究有明确的规定，有力地促进了我国旅游安全管理工作的规范化、制度化，标志着我国的旅游安全管理已步入法制化轨道。

一、旅游安全管理部门与责任界定

《旅游法》规定，县级以上地方人民政府应当加强对旅游工作的组织和领导，明确相关部门或者机构，对本行政区域的旅游业发展和监督管理进行统筹协调。《旅游安全管理办法》规定，各级旅游主管部门应当在同级人民政府的领导和上级旅游主管部门及有关部门的指导下，在职责范围内，依法对旅游安全工作进行指导、防范、监管、培训、统计分析和应急处理。

图 1-2 《中华人民共和国旅游法》

（一）县级以上人民政府及相关部门责任

旅游安全涉及面广、管理难度大，需要由各级人民政府统一领导和负责，全面扎实推进旅游安全工作。

1. 县级以上人民政府统一负责旅游安全工作。县级以上人民政府有关部门依照法律、法规履行旅游安全监管职责。

2. 国家建立旅游目的地安全风险提示制度。旅游目的地安全风险提示级别的划分和实施程序，由国务院旅游主管部门会同有关部门制定。

3. 县级以上人民政府及其有关部门应当将旅游安全作为突发事件监测和评估的重要内容。

4. 县级以上人民政府应当依法将旅游应急管理纳入政府应急管理体系，制定应急预案，建立旅游突发事件应对机制。

突发事件发生后，当地人民政府及其有关部门和机构应当采取措施开展救援，并协助旅游者返回出发地或者旅游者指定的合理地点。

5. 国家根据旅游活动的风险程度，对旅行社、住宿、旅游交通以及《旅游法》第四十七条规定的高风险旅游项目等经营者实施责任保险制度。

6. 旅游者在人身、财产安全遇有危险时，有权请求旅游经营者、当地政府和相关机构进行及时救助。

7. 中国出境旅游者在境外陷于困境时，有权请求我国驻当地机构在其职责范围内给予协助和保护。

（二）旅游主管部门旅游安全日常管理责任

《旅游安全管理办法》规定，旅游主管部门应当加强下列旅游安全日常管理工作：

1. 督促旅游经营者贯彻执行安全和应急管理的有关法律、法规，并引导其实施相关国家标准、行业标准或者地方标准，提高其安全经营和突发事件应对能力；

2. 指导旅游经营者组织开展从业人员的安全及应急管理培训，并通过新闻媒体等多种渠道，组织开展旅游安全及应急知识的宣传普及活动；

3. 统计分析本行政区域内发生旅游安全事故的情况；

4. 法律、法规规定的其他旅游安全管理工作；

5. 旅游主管部门应当加强对星级饭店和A级景区旅游安全和应急管理工作的指导。

（三）旅游经营者旅游安全责任

《旅游法》对旅游经营者在旅游安全方面的责任有如下规定：

1. 旅游经营者应当严格执行安全生产管理和消防安全管理的法律、法规和国家标准、行业标准，具备相应的安全生产条件，制定旅游者安全保护制度和应急预案。

2. 旅游经营者应当对直接为旅游者提供服务的从业人员开展经常性应急救助技能培训，对提供的产品和服务进行安全检验、监测和评估，采取必要措施防止危害发生。

3. 旅游经营者组织或接待老年人、未成年人、残疾人等旅游者，应当采取相应的安全保障措施。

4. 旅游经营者应当就旅游活动中的下列事项，以明示的方式事先向旅游者作出说明或者警示：

（1）正确使用相关设施、设备的方法；

（2）必要的安全防范和应急措施；

（3）未向旅游者开放的经营、服务场所和设施、设备；

（4）不适宜参加相关活动的群体；

（5）可能危及旅游者人身、财产安全的其他情形。

5. 突发事件或者旅游安全事故发生后，旅游经营者应当立即采取必要的救助和处置措施，依法履行报告义务，并对旅游者作出妥善安排。

6. 旅游经营者应当保证其提供的商品和服务符合保障人身、财产安全的要求。

（四）旅游者旅游安全责任

旅游者购买、接受旅游服务时，应当向旅游经营者如实告知与旅游活动相关的个人健康信息，遵守旅游活动中的安全警示规定。

旅游者对国家应对重大突发事件暂时限制旅游活动的措施，以及有关部门、机构或者旅游经营者采取的安全防范和应急处置措施，应当予以配合。

旅游者违反安全警示规定，或者对国家应对重大突发事件暂时限制旅游活动的措施、安全防范和应急处置措施不予配合的，依法承担相应责任。

（五）相关部门旅游安全监管责任

《旅游法》规定，县级以上人民政府旅游主管部门和有关部门依照本法和有关法律、法规的规定，在各自职责范围内对旅游市场实施监督管理。

县级以上人民政府应当组织旅游主管部门、有关主管部门和市场监督管理、交通等执法部门对相关旅游经营行为实施监督检查。

《安全生产法》规定，国务院应急管理部门依照本法，对全国安全生产工作实施综合监督管理；县级以上地方各级人民政府应急管理部门依照本法，对本行政区域内安全生产工作实施综合监督管理。

应急管理部门和对有关行业、领域的安全生产工作实施监督管理的部门，统称负有安全生产监督管理职责的部门。负有安全生产监督管理职责的部门应当相互配合、齐抓共管、信息共享、资源共用，依法加强安全生产监督管理工作。

应急管理部门应当按照分类分级监督管理的要求，制订安全生产年度监督检查计划，并按照年度监督检查计划进行监督检查，发现事故隐患，应当及时处理。

监察机关依照《中华人民共和国监察法》的规定，对负有安全生产监督管理职责的部门及其工作人员履行安全生产监督管理职责实施监察。

负有安全生产监督管理职责的部门应当建立举报制度，公开举报电话、信箱或者电子邮件地址等网络举报平台，受理有关安全生产的举报。

任何单位或者个人对事故隐患或者安全生产违法行为，均有权向负有安全生产监督管理职责的部门报告或者举报。

新闻、出版、广播、电影、电视等单位有进行安全生产公益宣传教育的义务，有对违反安全生产法律、法规的行为进行舆论监督的权利。

二、旅游安全事故责任追究制度

为了进一步规范旅游突发事件的报告工作，及时处置旅游突发事件，切实保障游客的人身和财产安全，根据《中华人民共和国旅游法》《旅游安全管理办法》等法律，作出违反旅游安全管理规定的处罚如下：

（一）违反安全生产和消防安全管理

《中华人民共和国旅游法》第107条规定，旅游经营者违反有关安全生产管理和消防安全管理的法律、法规或者国家标准、行业标准的，由有关主管部门依照有关法律、法规的规定处罚。《旅游安全管理办法》第33条进一步规定，旅游经营者及其主要负责人、旅游从业人员违反法律、法规有关安全生产和突发事件应对规定的，依照相关法律、法规处理。

（二）未制止履行辅助人的非法或不规范行为

《旅游安全管理办法》第34条规定，旅行社未制止履行辅助人的非法、不安全服务行为，或者未更换履行辅助人的，由旅游主管部门给予警告，可并处2000元以下罚款；情节严重的，处2000元以上1万元以下罚款。

（三）不按要求制作安全信息卡

《旅游安全管理办法》第35条规定，旅行社不按要求制作安全信息卡，未将安全信息卡交由旅游者，或者未告知旅游者相关信息的，由旅游主管部门给予警告，可并处2000元以下罚款；情节严重的，处2000元以上1万元以下罚款。

（四）针对风险提示不采取相应措施

《旅游安全管理办法》第36条规定，旅行社针对旅游目的地安全风险提示，不采取相应措施的，由旅游主管部门处2000元以下罚款；情节严重的，处2000元以上1万元以下罚款。

（五）按国家标准、行业标准评定的旅游经营者违法

《旅游安全管理办法》第37条规定，按照旅游业国家标准、行业标准评定的旅游经营者违反本办法规定的，由旅游主管部门建议评定组织依据相关标准作出处理。

（六）旅游主管部门及其工作人员违法

《旅游安全管理办法》第38条规定，旅游主管部门及其工作人员违反相关法律、法规及本办法规定，玩忽职守，未履行安全管理职责的，由有关部门责令改正，对直接负责的主管人员和其他直接责任人员依法给予处分。

本章小结

本章涉及旅游安全的相关理论，针对旅游安全的理论知识进行了详细的介绍和说明，具有较强的理论性，是本书后续章节的理论学习基础。

思考与练习

一、练一练

1. 旅行社针对旅游目的地安全风险提示，不采取相应措施的，由旅游主管部门处（　　）元以下罚款。

A. 3000　　B. 2500　　C. 2000　　D. 1000

2. 重大旅游突发事件是造成或者可能造成人员死亡（　　）人以上 30 人以下。

A.10　　B. 15　　C. 20　　D. 25

3. 旅游安全的特征不包括（　　）。

A. 集中性　　B. 季节性　　C. 广泛性　　D. 复杂性

4. 省级旅游主管部门应当于每月（　　）日前，将本地区上月发生的较大旅游突发事件报文化和旅游部备案。

A. 4　　B. 3　　C. 5　　D. 6

5. 旅游目的地安全二级（严重）风险提示用（　　）标示。

A. 红色　　B. 黄色　　C. 蓝色　　D. 橙色

二、安全小课堂

1. 简述旅游安全、旅游安全事故、旅游安全问题、旅游安全管理的概念。
2. 简述旅游安全问题的类型。
3. 列举旅游安全的特征。
4. 简述旅游突发事件的等级划分。
5. 简述旅游突发事件的应急处理。

三、情景训练

学生分好小组，每个小组找一个近几年发生的与旅游安全事故相关的案例，之后进行讨论，分析旅游安全在旅游活动中的重要性。

参考答案

参考文献

[1] 全国导游资格考试统编教材专家编写组 . 政策与法律法规 [M]. 北京：中国旅游出版社，2019.7.

[2] 全国导游资格考试统编教材专家编写组 . 导游业务 [M]. 北京：中国旅游出版社，2019.7.

[3] 郑向敏，兰晓原 . 旅游安全知识总论 [M]. 北京：中国旅游出版社，2012.1.

[4] 孔邦杰 . 旅游安全管理 [M]. 上海：格致出版社，上海旅游出版社，2019.6.

[5] 杨晓安 . 旅游安全综合管理 [M]. 北京：中国人民大学出版社，2019.8.

第二章

旅游饮食安全防范与应对

本章重点

旅游饮食安全通常是指在旅游行程中游客食用的饮品和食物无毒无害，符合应当有的营养要求，对游客不造成任何急性、亚急性和慢性危害。本章包括旅游饮食安全问题，旅游饮食安全管理和旅游饮食安全事故应对措施以及旅游饮食安全事故的法律责任。重点讲解常见旅游饮食安全的问题，提出防范和应对策略。

学习要求

了解旅游饮食安全的相关法律规定，熟悉并掌握旅游饮食安全常识、常见的旅游饮食安全事故的防范与应急处理方法，增强旅游饮食安全防范意识，确保旅行活动顺利开展。

本章思维导图

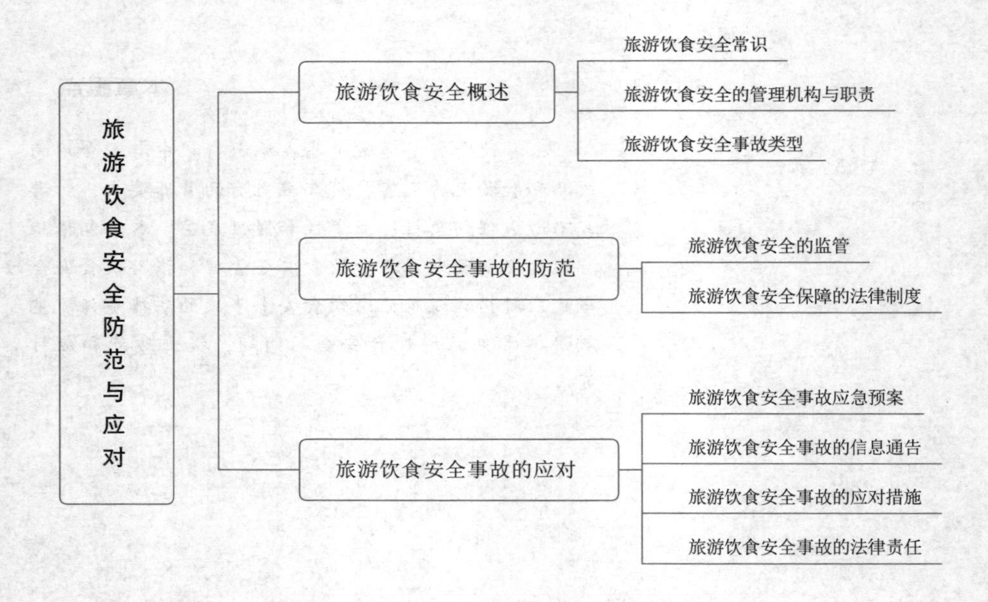

第一节　旅游饮食安全概述

旅游饮食安全是顺利完成旅游行程的保障。通俗地说，旅游饮食安全也就是在旅游活动中，游客吃的喝的不存在损害或可能损害游客身体健康的隐患。在旅行中，旅游从业人员和游客有必要熟知旅游饮食安全常识，了解国家旅游饮食安全管理机构及职责，做到旅游饮食安全，防患于未然。

‹‹‹ 案例 2-1 ›››

一顿海鲜，游客进了医院

2019 年 1 月，张女士通过某旅游平台参加了一个 4 晚 6 天的某海岛旅行团。第三天晚上吃完一顿海鲜后，旅行团游客当天晚上都发生了腹泻，严重者被送到当地医院救治。当地医院诊断，游客们患的都是急性肠胃炎。通过当地医院救治，游客们才脱离危险。然而，张女士在当地住院期间被查出已怀孕，她担心当时所用的药物会对胎儿产生影响。回国后游客们向律师进行了法律咨询。

请分析：游客在旅行中对哪些食物应高度警惕？旅游经营者应如何保证游客旅游饮食安全？

【分析要点】

1. 首先游客要了解哪些食物容易引起饮食安全，食用时要慎重；其次游客要熟悉自己的身体状况，根据身体实际情况选择饮食。

2. 旅游经营者要选择有经营资质、信誉良好的履行辅助人，并了解每个游客的身体状况，对身体有特殊状况的游客要提醒其是否有特殊禁忌。

（资料来源：北京电视台 2019 年 2 月 22 日《法治进行时》，主题为《出国旅游遭遇食物中毒 旅行社该担何责》，有改写。）

一、旅游饮食安全常识

《食品安全法》中的食品，是指各种供人食用或者饮用的成品和原料，以及按照传统既是食品又是中药材的物品，但是不包括以治疗为目的的物品。食品安全，是指食品无毒、无害，符合应当有的营养要求，对人体健康不造成任何急性、亚急性或者慢性危害。人们平时所说的饮食在《食品安全法》中统称食品。旅游已经是人们生活中必不可少的一部分，为了保证旅游行程的顺利进行，不论是旅游从业者还是游客，都要掌握饮食安全常识，以确保旅行顺利完成。

（一）旅行中易引起安全问题的饮食

1. 部分新鲜食材需经过处理后方可食用

（1）木耳

木耳营养丰富，是餐桌上的佳品。人们经常食用的干木耳是很安全的，而新鲜木耳就要慎重食用。鲜木耳中含有“卟啉”，这种物质被人食用后，在阳光的照射下，容易引起皮肤瘙痒、水肿，严重的会皮肤坏死。如果水肿是在咽喉黏膜处，则可能导致呼吸困难。鲜木耳建议焯水后熟食。

（2）海蜇

海蜇富含多种营养成分，适合一般人群食用，但新鲜海蜇不能直接食用。这是因为海蜇体内含有四氨络物、5- 羟色胺及多肽类物质等，有较强的组胺反应，食用后易引起中毒，出现腹泻、呕吐等症状。

（3）黄花菜

新鲜黄花菜中含有“秋水仙碱”。食用后，可能导致腹胀、腹泻、恶心、呕吐、头痛、头晕，甚至出现体温改变、四肢麻木现象。这是因为秋水仙碱在体内氧化为有剧毒的二秋水仙碱，刺激人体循环系统，0.5~4 小时内会引发身体出现中毒症状。可焯水浸泡后炒食。

（4）生豆浆

生豆浆煮熟后方可饮用，一般煮至泡沫消失后，继续小火煮 10 分钟。生豆浆煮熟后才能破坏其中的皂素等有毒物质，否则会引起中毒，出现恶心、呕吐、腹泻等症状。此外，痛风病人不宜饮用豆浆，豆浆中含有较高的嘌呤，容易加重病情。

（5）青番茄

青番茄含龙葵碱，毒性很强，人体摄入 0.2 克龙葵碱就会有中毒反应，伴有头晕、恶心、流涎、呕吐等症状，重者还会发生抽搐，可能危及生命。不建议生食青番茄，但高温炒熟可以破坏这种毒素。

2. 变质类食物皆不可掉以轻心

（1）变质叶菜

叶菜变质后，硝酸盐含量增加。进入人体后，硝酸盐会被还原成亚硝酸盐。而亚硝酸盐对人身危害非常大，亚硝酸盐中毒会使血液丧失携氧能力，导致头晕、头痛、恶心、腹胀、肢端青紫等症状，重者可能发生抽搐、四肢强直或屈曲，甚至昏迷。

（2）变质生姜

生姜存放的温度为 12℃ ~15℃。温度过高或储存方法不当，生姜容易腐烂变质。生姜变质后产生的黄樟素是一种毒性很强的物质，即使人体吸收少量黄樟素，也可能引起肝细胞中毒。

（3）霉变甘蔗

甘蔗发霉变质，有很强的毒性。霉变甘蔗质地变软，外观无正常光泽，有可能出现霉斑，肉质色泽变浅黄或暗红、灰黑色。若闻到酒味或霉酸味等异味，则说明甘蔗变质严重。霉变甘蔗中的孢霉菌、串珠镰刀菌产生的毒素 10 分钟 ~48 小时内就可损害中枢神经系统。中毒轻者出现头晕、头痛、视力障碍、恶心、呕吐、腹痛、腹泻等症状，重者可能引发抽搐，四肢强直或屈曲，甚至昏迷。

（4）长斑红薯

红薯长斑是黑斑菌污染所致，一般表面可见黑褐色斑块。黑斑菌分泌的毒素有剧毒，会使红薯变硬、发苦，食用后对人体肝脏有很大影响。而且这种毒素无论是蒸煮还是烧烤都不能被破坏。因此，长有黑斑的红薯，只要吃了，都可能引起中毒，区别只在症状的轻重。

（5）腌制食品

腌制食品在日常生活中随处可见，酸菜、咸菜、腊肉、咸蛋等都属于腌制食品。腌制食品中亚硝酸盐含量较高，对人身存在危害，一般人体摄入 0.3~0.5 克的亚硝酸盐就会引起中毒，超过 3 克则可致死。另外，腌制食品中钠含量很高，长期食用也会对胃肠和肾脏造成负担。

（6）剩饭剩菜

国家提倡“光盘行动”，但有时难免会有一些剩饭剩菜，又不舍得浪费，在健康优先的情况下，剩饭剩菜应趁热放冰箱。常温放置或放凉后放冰箱容易滋生大量细菌，对身体造成伤害。再次食用时要彻底加热。

（二）旅行中饮食方面注意事项

1. 尽量食用煮熟的食品

（1）选择经过彻底煮熟或者密封包装的食品。

（2）选择食用已经煮熟的肉类、鱼类及贝壳类海鲜等。

（3）选择食用凉拌食物时最好是现用现做，做好即用。不要吃生冷食品，如沙拉、雪糕等。

（4）食物入口温度合适。有研究表明，食物入口的最佳温度为10℃ ~40℃，温度超过65℃容易烫伤口腔和食管黏膜。国际癌症研究机构有研究证明，长期食用太烫的食物会增大患食管癌的风险。

2. 洗净生食瓜果和蔬菜

（1）瓜果蔬菜在生长中有可能会被病菌、病毒、寄生虫卵等污染，还会有部分农药、杀虫剂的残留等。如果不清洗干净，有可能染上疾病，还有可能造成农药中毒。

（2）旅行在外要少购买已去皮、切开的水果及蔬菜等。

（3）直接食用的瓜果如不能去皮，应用洁净的流水彻底清洗。

3. 注意饮品的安全卫生

（1）旅行中选择饮用煮沸的水、罐装或瓶装饮品及包装类奶制品。

（2）旅行中尽量不选择饮用加冰水的饮品或已榨好的鲜果汁。

（3）旅行中直接饮用包装好的饮品时要先清洁瓶口或饮用口。

（4）旅行中不饮用不合格、不洁净的水或者未经煮沸的自来水。

（5）饮品温度最好控制在10℃ ~40℃，2019年《国际肿瘤杂志》刊登的最新研究证实了热饮与食管癌的联系。

4. 远离腐败变质的食品

（1）旅行在外不买不食腐败变质、不能辨明来源的污秽不洁的食品。

（2）旅行期间不食用在常温条件下存放超过2小时的熟食和剩余食品。

（3）旅行期间若发现食物味道有异，如不正常的变酸、发苦等，切勿食用。有可能是食物腐烂变质，滋生大量细菌引起的。

5. 慎重选择野菜、野果

我国可食用的野菜、野果的种类很多，但也有很多含有对人体有害的物质，在不了解的情况下很难辨别清楚，为保证旅行的顺利进行，游客要慎重食用。

6. 不买、不用"三无"食品

（1）不购买不食用无厂名、厂址和保质期及生产日期的包装食品，不食用来历不明的非包装食品。

（2）不食用证照不全的流动摊贩售卖的食物和饮品，不光顾卫生差的饮食店，杜绝劣质饮食。

7. 注意个人饮食卫生

（1）旅行期间进食前应尽可能用七步洗手法将双手洗净。旅行中双手接触各种各样的东西，难免会沾染病菌、病毒和寄生虫卵，七步洗手法能够有效地减少病从口入的可能。

（2）在进食中如发现感官性状异常，应立即停止进食，并简单催吐。

8. 牢记高嘌呤食品

痛风和高尿酸血症人群要根据自身状况少食用高嘌呤食品。比较常见的高嘌呤肉类有贻贝、熟鹅肝、熟鸭胗、熟的猪肥肠、生蚝、猪肝、鱿鱼、青虾、鸡心等，高嘌呤蔬菜类有紫菜、蚕豆、干黄豆、绿豆、腐竹、干制菌类。

9. 备好旅行常用药

旅行在外要根据身体状况随身携带常用药物，一旦遇到食物中毒、生病等情况及时服药，就近就医，防止病情恶化。

二、旅游饮食安全的管理机构与职责

（一）国家食品安全主管部门及职责

《食品安全法》规定，国务院设立食品安全委员会，职责为：分析食品安全形势，研究部署、统筹指导食品安全工作；提出食品安全监管的重大政策措施；督促落实食品安全监管责任。

国务院食品安全监督管理部门依照《食品安全法》和国务院规定的职责，对食品生产经营活动实施监督管理。

国务院卫生行政部门依照《食品安全法》和国务院规定的职责，组织开展食品安全风险监测和风险评估，会同国务院食品安全监督管理部门制定并公布食品安全国家标准。

国务院其他有关部门依照《食品安全法》和国务院规定的职责，承担有关食品安全工作。

2018 年国家机构改革后，食品安全委员会的具体工作由国家市场监督管理总局承担。

（二）地方人民政府的职责

我国《食品安全法》规定，县级以上地方人民政府对本行政区域的食品安全监督管理工作负责，统一领导、组织、协调本行政区域的食品安全监督管理工作以及食品安全突发事件应对工作，建立健全食品安全全程监督管理工作机制和信息共享机制。

县级以上地方人民政府依照本法和国务院的规定，确定本级食品安全监督管理、卫生行政部门和其他有关部门的职责。有关部门在各自职责范围内负责本行政区域的食品安全监督管理工作。

县级人民政府食品安全监督管理部门可以在乡镇或者特定区域设立派出机构。

县级以上地方人民政府实行食品安全监督管理责任制。上级人民政府负责对下一级人民政府的食品安全监督管理工作进行评议、考核。县级以上地方人民政府负责对本级食品安全监督管理部门和其他有关部门的食品安全监督管理工作进行评议、考核。

食品安全工作涉及卫生健康、生态环境、粮食、教育、政法、宣传、民政、建设、文化、旅游、交通运输等行业或者领域中与食品安全紧密相关的工作，以及为食品安全提供支持的发展改革、科技、工信、财政、商务等领域工作。2019 年市场监管总局印发《地方党政领导干部食品安全责任制规定》，落实党政同责，保障食品安全。

（三）食品生产经营者的职责

我国《食品安全法》规定，食品生产经营者对其生产经营食品的安全负责。

食品生产经营者应当依照法律、法规和食品安全标准从事生产经营活动，保证食品安全，诚信自律，对社会和公众负责，接受社会监督，承担社会责任。

三、旅游饮食安全事故类型

旅游饮食安全事故主要指在旅行中发生的食源性疾病、食品污染等源于食品、对人体健康有危害或可能有危害的事故。食物中毒是旅行中最为常见的食源性疾病，除此之外还有旅行中因饮食引起的其他食源性疾病、水土不服等。

（一）食物中毒

食物中毒按照病因一般分为细菌性食物中毒、真菌毒素中毒、动物性食物中毒、植物性食物中毒和化学性食物中毒五种。

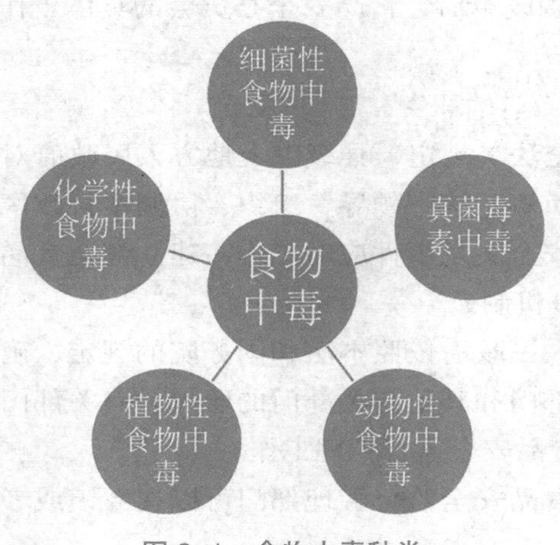

图 2–1　食物中毒种类

1. 细菌性食物中毒

细菌性食物中毒，是指人们因摄入含有细菌或细菌毒素的食品而引起的食物中毒。导致细菌性食物中毒的原因有多种，较为常见的原因就是食用了被细菌污染的食物。有统计资料表明，食物中毒中约50%为细菌性食物中毒。引起食物中毒的主要食品为动物性食品，其中居首位的是肉类及熟肉制品，次之为各种变质肉类、病死畜肉以及鱼、奶、剩饭等。食物被细菌污染的主要原因如下：

（1）禽畜在被宰杀以前就已经感染了疾病；

（2）厨房用具尤其是刀具、砧板等生熟不分产生交叉感染；

（3）存放食物的环境卫生状况不佳，滋生蚊蝇等；

（4）接触食物的人员本身带菌致使食物被污染。

并非人吃了被污染的食物就会发生食物中毒，只有被污染的食物中细菌大量繁殖达到致病的数量或产生致病的毒素达到一定量，人食用后才会发生食物中毒。细菌性食物中毒与不同区域人群的饮食习惯也有一定关系。如中国人喜欢食用畜禽肉、禽蛋，沙门氏菌食物中毒居首位；而日本人多食用生鱼片，副溶血性弧菌食物中毒较多；美国人食用肉、蛋和糕点较多，则葡萄球菌食物中毒多些。沙门氏菌、葡萄球菌、大肠杆菌、肉毒杆菌、肝炎病毒等是引起细菌性食物中毒的始作俑者。这些有害细菌、病毒可能经过食品接触人员的手或容器污染食物，也有可能寄生在食物中。这些被污染的食物进入人体后，有害菌和病毒产生的毒素达到一定量，就会引起中毒。

2. 真菌毒素中毒

真菌毒素中毒就是真菌在谷物或其他食品中生长繁殖产生有毒的代谢产物，人和动物食入这种毒性物质发生的中毒。这类中毒的发生主要是患者食用了被真菌污染的食品。用一般的烹饪方法处理被真菌污染的食物，无法破坏真菌毒素。真菌毒素中毒有季节性和地区性特点，这是因为真菌生长繁殖产生毒素需要相应的温度和湿度。

3. 动物性食物中毒

动物性食物中毒主要是指食入动物性有毒食品引起的食物中毒。常见的动物性食物中毒主要有两种：

（1）食用的动物性食品本身来源于天然含有有毒成分的动物或动物的某一部分，致使食用者出现食物中毒；

（2）可食用的动物性食品在一定条件下产生了大量有毒成分，食用后也可能引起中毒。如食用鲜度较差的鲐鱼后，食物中毒常有发生。

近年来，我国发生的动物性食物中毒主要是河豚类和贝类中毒，其次是鱼胆中毒和动物肝脏中毒。

4. 植物性食物中毒

常见植物性食物中毒如下：

（1）误食了不该食用的植物性制品。如桐油、大麻油等本该外用却被误食引起的中毒，以及误食毒蘑菇引起的中毒；

（2）食用了有毒成分没有被去除的植物性食品。有的植物性食品在加工过程中，未能破坏或除去其中的有毒成分，如苦杏仁、木薯等；

（3）食用了因烹饪方法不当致使含有大量有毒成分的植物性食品。如未烧熟的芸豆类、未腌制好的菜类、鲜黄花菜、发芽马铃薯等。

植物性食物中毒一般来说，主要是烹调方法不当，没有破坏掉植物中的有毒成分，或者误食有毒的野菜野果。较为常见的植物性食物中毒为芸豆中毒、毒蘑菇中毒、木薯中毒。能够引起死亡的有毒植物性食物有马铃薯、毒蘑菇、银杏、苦杏仁、桐油等。植物性食物中毒一般没有特效疗法，越早排除毒物对中毒者的预后越重要。

5. 化学性食物中毒

化学性食物中毒是指食入化学性有毒食物引起的食物中毒。化学性食物中毒主要包括以下几种：

（1）误食了被有毒有害的化学物质污染的食品；

（2）因食用添加非正常使用的食品添加剂、营养强化剂的食品而引起的食物中毒；

（3）因贮藏环境和方法不当，致使食品营养素发生化学变化引起的食物中毒，如油脂酸败。

化学性食物中毒发病与进食时间、食用量密切有关。一般进食后不久即会发病，通常具有群体性，患者的临床表现基本相同，在患者的各种样品检测中可以测出有关化学毒物。

（二）其他食源性疾病

1. 急性肠胃炎

急性肠胃炎多发于夏秋季节，由于在旅行途中饮食环境和质量有所变化，饮食不能定时、定量等原因，部分游客存在暴饮暴食、生冷不忌等饮食不当行为，或者食用了污秽不洁的食品，而出现恶心、呕吐、腹痛、腹泻等症状。急性肠胃炎是胃肠黏膜的急性炎症，多见于身体免疫力较弱和有严重疾病的游客。急性胃肠炎的发病是比较突然的，患者在发病后最突出的症状就是轻度腹泻，轻者可自行服用常用药，重者需及时就医，否则易引发其他疾病。

2. 胆绞痛

部分游客在旅游目的地受当地美食吸引，可能摄入过多高脂饮食，导致进食后数小时内出现胆绞痛。症状一般为右上腹绞痛，开始时呈持续性钝痛，以后逐渐加重，甚至出现难以忍受的剧痛。患者常坐卧不安、弯腰，紧压腹部；疼痛可持续不断，也可自然减轻；疼痛常放射至右肩胛处；疼痛时一般大汗淋漓，伴有面色苍白、恶心、呕吐、肌紧张、胆囊触痛症等。

（三）水土不服

拓展阅读

旅游是人的一种地理位置的移动，游客通常从居住地到旅游目的地去。由于游客的居住地和他们所要前往的目的地之间相隔一定的距离，气候、水质、饮食等条件都会有所变化，一些游客可能会出现身体上的不适，一般称为水土不服。常出现的症状有便秘、腹胀、腹痛、腹泻、恶心、呕吐、胸闷气短、食欲不振、失眠多梦等。轻度水土不服对人体没有明显影响，严重的水土不服会造成游客体质下降，影响旅行体验，甚至无法完成旅游行程。

案例 2-2

旅行不注意 饮料喝出病

2020 年 8 月张先生和朋友一起自驾游，由于天气炎热，在路边小店买了两瓶饮料。谁知喝后没多久张先生就开始肚痛、腹泻不止，急送医院治疗。张先生朋友在查看饮料瓶上的生产日期时，发现饮料已过期了 4 个月。双方几次交涉，皆因对赔偿的金额分歧较大而不能达成一致，张先生于是向当地消费者协会求助。工作人员到现场检查后发现，饮料确实已过期。而店主解释此饮料原已堆在一边准备扔掉，可能因为女儿不知情，错拿给了张先生。工作人员指出，不管是有意还是无意，都给张先生造成了身体伤害和财产损失，必须承担责任。最终，张先生得到包括医药费等各种费用赔偿共计 1100 元。

请分析：游客张先生在饮食方面应注意哪些事项？

【分析要点】

1. 张先生在旅行中应结合自身情况尽量食用煮熟的食品，洗净生食的瓜果蔬菜，选择饮品时注意卫生安全，远离腐败变质的食品，慎重选择野菜、野果，不买不用“三无”食品，同时要注意个人饮食卫生，备好旅行常用药等。

2. 张先生在旅行中购买饮品要仔细查验生产日期和保质期。

第二节　旅游饮食安全事故的防范

旅游是现代社会的一种综合性活动，通常包含食、住、行、游、购、娱六要素，其中“食”是六要素之首。我国自古就有“国以民为本，民以食为天”之说，可见饮食不仅是人类最基本的生存活动，也是完成旅游活动的基础。“民以食为天，食以安为先”，在旅游活动中饮食安全问题直接关系游客的身体健康和生命安全，旅游饮食安全也是游客最为关心的话题。近年来，我国饮食安全事故频发，2020 年消费投诉中食品类投诉量居前五位。为保证饮食安全，保障包括游客在内的公众的身体健康和生命安全，我国与饮食相关的法律法规纷纷出台。2009 年 6 月 1 日开始施行的《中华人民共和国食品安全法》于 2015 年和 2018 年两次修订，2009 年 7 月 20 日公布施行的《中华人民共和国食品安全法实施条例》于 2016 年和 2019 年两次修订。2015 年 8 月国家食品药品监督管理总局发布《食品经营许可管理办法》，自 2015 年 10 月 1 日起施行。国家卫生部 2010 年 2 月发布《餐饮服务许可管理办法》和《餐饮服务食品安全监督管理办法》，均于 2010 年 5 月 1 日起施行。

<<< 案例 2-3 >>>

研学之旅 39 名学生疑似食物中毒

2019 年 7 月 23 日下午，中国国家铁路集团有限公司通报，Z95 次列车上，来自四川内江二中的 39 名参加北京研学之旅的学生发生食物中毒，被分别送往就近医院治疗。通报中提到，列车上其他在车上用餐的旅客包括带队老师未出现上述症状。发病学生是在食用研学之旅举办方提供的方便食品后出现不良症状的。

请分析：为确保参加研学之旅的学生安全，经营者应如何进行旅游饮食安全防范？

【分析要点】

作为研学旅行的经营者，应本着“安全第一，预防为主”，主要围绕食品选择和饮食安排进行饮食安全防范。

（资料来源：封面新闻，题目《内江39名学生研学返程列车上食物中毒 旅行社：餐食供应商渠道正规》，作者：封面新闻记者 曹菲，网址：http://www.thecover.cn/news/2361275，有改写。）

一、旅游饮食安全的监管

《中华人民共和国食品安全法》和《中华人民共和国食品安全法实施条例》体现了党和政府关于建立最严格的食品安全监管制度的总体要求。为了细化和落实食品安全法，解决实际问题，人民代表大会常务委员会两次修订了《食品安全法》，国务院常务会议两次对《食品安全法实施条例》进行了修订。

（一）确立食品安全监督管理的法律制度

《食品安全法》第三条规定：食品安全工作实行预防为主、风险管理、全程控制、社会共治，建立科学、严格的监督管理制度。

《食品安全法》第四条规定：食品生产经营者对其生产经营食品的安全负责。食品生产经营者应当依照法律法规和食品安全标准从事生产经营活动，保证食品安全，诚信自律，对社会和公众负责，接受社会监督，承担社会责任。

具体而言，主要是通过加强基层政府对食品安全风险的监督检查、生产经营者食品安全风险自查、主要责任人约谈、食品安全追溯、食品安全风险管理分级、食品安全违法行为举报奖励、建立严重违法生产经营者黑名单制度、加大违法处罚力度等强化食品安全监管。

（二）强化社会共治

食品安全关系到全国人民的身体健康，需要全社会共同努力，确保食品安全。《食品安全法》在总则中确立了食品安全实行社会共治的制度，并在具体的条款中做了详细阐述。

1. 行业协会，加强自律

食品行业协会应当加强行业自律，按照章程建立健全行业规范和奖惩机制，提供食品安全信息、技术等服务，引导和督促食品生产经营者依法生产经营，推动行业诚信建设，宣传、普及食品安全知识。

2. 消费者组织，依法监督

消费者协会和其他消费者组织对违反本法规定，损害消费者合法权益的行为，依法进行社会监督。

3. 宣传教育，健康饮食

各级人民政府应当加强食品安全的宣传教育，普及食品安全知识，鼓励社会组织、基层群众性自治组织、食品生产经营者开展食品安全法律、法规以及食品安全标准和知识的普及工作，倡导健康的饮食方式，增强消费者食品安全意识和自我保护能力。

4. 举报有奖，信息保密

县级以上人民政府食品安全监督管理等部门应当公布本部门的电子邮件地址或者电话，接受咨询、投诉、举报。接到咨询、投诉、举报，对属于本部门职责的，应当受理并在法定期限内及时答复、核实、处理；对不属于本部门职责的，应当移交有权处理的部门并书面通知咨询、投诉、举报人。有权处理的部门应当在法定期限内及时处理，不得推诿。对查证属实的举报，给予举报人奖励。

有关部门应当对举报人的信息予以保密，保护举报人的合法权益。举报人举报所在企业的，该企业不得以解除、变更劳动合同或者其他方式对举报人进行打击报复。

5. 媒体监督，真实报道

新闻媒体应当开展食品安全法律、法规以及食品安全标准和知识的公益宣传，并对食品安全违法行为进行舆论监督。有关食品安全的宣传报道应当真实、公正。

二、旅游饮食安全保障的法律制度

（一）国家关于食品安全保障的法律规定

1. 食品安全风险监测和评估

（1）食品安全风险监测制度。国家建立食品安全风险监测制度，对食源性疾病、食品污染以及食品中的有害因素进行监测。

国务院卫生行政部门会同国务院食品安全监督管理部门，制定、实施国家食品安全风险监测计划。

（2）食品安全风险评估制度。国家建立食品安全风险评估制度，运用科学方法，根据食品安全风险监测信息、科学数据以及有关信息，对食品、食品添加剂、食品相关产品中生物性、化学性和物理性危害因素进行风险评估。

国务院卫生行政部门负责组织食品安全风险评估工作，成立由医学、农业、食品、营养、生物、环境等方面的专家组成的食品安全风险评估专家委员会进行食品安全风险评估。食品安全风险评估结果由国务院卫生行政部门公布。

（3）食品安全状况综合分析。国务院食品安全监督管理部门应当会同国务院有关部门，根据食品安全风险评估结果、食品安全监督管理信息，对食品安全状况进行综合分析。对经综合分析表明可能具有较高程度安全风险的食品，国务院食品安全监督管理部门应当及时提出食品安全风险警示，并向社会公布。

2. 食品安全标准

制定食品安全标准，应当以保障公众身体健康为宗旨，做到科学合理、安全可靠。食品安全标准是强制执行的标准。除食品安全标准外，不得制定其他食品强制性标准。

（1）食品安全国家标准。食品安全国家标准由国务院卫生行政部门会同国务院食品安全监督管理部门制定、公布，国务院标准化行政部门提供国家标准编号。食品中农药残留、兽药残留的限量规定及其检验方法与规程，由国务院卫生行政部门、国务院农业行政部门会同国务院食品安全监督管理部门制定。屠宰畜、禽的检验规程由国务院农业行政部门会同国务院卫生行政部门制定。

（2）地方特色食品。对地方特色食品，没有食品安全国家标准的，省、自治区、直辖市人民政府卫生行政部门可以制定并公布食品安全地方标准，报国务院卫生行政部门备案。食品安全国家标准制定后，该地方标准即行废止。

3. 食品生产经营

（1）国家对食品生产经营实行许可制度。从事食品生产、食品销售、餐饮服务，应当依法取得许可。但是，销售食用农产品，不需要取得许可。

（2）食品生产加工小作坊和食品摊贩等从事食品生产经营活动，应当符合本法规定的与其生产经营规模、条件相适应的食品安全要求，保证所生产经营的食品卫生、无毒、无害，食品安全监督管理部门应当对其加强监督管理。

（3）国家对食品添加剂生产实行许可制度。从事食品添加剂生产，应当具有与所生产食品添加剂品种相适应的场所、生产设备或者设施、专业技术人员和管理制度，并依照本法规定的程序，取得食品添加剂生产许可。

（4）国家建立食品安全全程追溯制度。食品生产经营者应当依照本法的规定，建立食品安全追溯体系，保证食品可追溯。国家鼓励食品生产经营者采用信息化手段采集、留存生产经营信息，建立食品安全追溯体系。国务院食品安全监督管理部门会同国务院农业行政等有关部门建立食品安全全程追溯协作机制。

（5）食品生产经营者应当建立并执行从业人员健康管理制度。患有国务院卫生行政部门规定的有碍食品安全疾病的人员，不得从事接触直接入口食品的工作。从事接触直接入口食品工作的食品生产经营人员应当每年进行健康检查，取得健康证明后方可上岗工作。

（6）食品生产经营者应当建立食品安全自查制度，定期对食品安全状况进行检查评价。生产经营条件发生变化，不再符合食品安全要求的，食品生产经营者应当立即采取整改措施；有发生食品安全事故潜在风险的，应当立即停止食品生产经营活动，并向所在地县级人民政府食品安全监督管理部门报告。

（7）食品生产企业应当建立食品出厂检验记录制度，查验出厂食品的检验合格证和安全状况，如实记录食品的名称、规格、数量、生产日期或者生产批号、保质期、检验合格证号、销售日期以及购货者名称、地址、联系方式等内容，并保存相关凭证。记录和凭证保存期限应当符合《食品安全法》第五十条第二款的规定。

（8）网络食品交易第三方平台提供者应当对入网食品经营者进行实名登记，明确其食品安全管理责任；依法应当取得许可证的，还应当审查其许可证。

网络食品交易第三方平台提供者发现入网食品经营者有违反本法规定行为的，应当及时制止并立即报告所在地县级人民政府食品安全监督管理部门；发现严重违法行为的，应当立即停止提供网络交易平台服务。

（9）国家建立食品召回制度。食品生产者发现其生产的食品不符合食品安全标准或者有证据证明可能危害人体健康的，应当立即停止生产，召回已经上市销售的食品，通知相关生产经营者和消费者，并记录召回和通知情况。

食品经营者发现其经营的食品有前款规定情形的，应当立即停止经营，通知相关生产经营者和消费者，并记录停止经营和通知情况。食品生产者认为应当召回的，应当立即召回。由于食品经营者的原因造成其经营的食品有前款规定情形的，食品经营者应当召回。

（10）国家对保健食品、特殊医学用途配方食品和婴幼儿配方食品等特殊食品实行严格监督管理。

4. 法律责任

（1）违反《食品安全法》规定，网络食品交易第三方平台提供者未对入网食品经营者进行实名登记、审查许可证，或者未履行报告、停止提供网络交易平台服务等义务的，由县级以上人民政府食品安全监督管理部门责令改正，没收违法所得，并处五万元以上二十万元以下罚款；造成严重后果的，责令停业，直至由原发证部门吊销许可证；使消费者的合法权益受到损害的，应当与食品经营者承担连带责任。

消费者通过网络食品交易第三方平台购买食品，其合法权益受到损害的，可以向入网食品经营者或者食品生产者要求赔偿。网络食品交易第三方平台提供者不能提供入网食品经营者的真实名称、地址和有效联系方式的，由网络食品交易第三方平台提供者赔偿。网络食品交易第三方平台提供者赔偿后，有权向入网食品经营者或者食品生产者追偿。网络食品交易第三方平台提供者作出更有利于消费者承诺的，应当履行其承诺。

（2）违反本法规定，造成人身、财产或者其他损害的，依法承担赔偿责任。生产经营者财产不足以同时承担民事赔偿责任和缴纳罚款、罚金时，先承担民事赔偿责任。

（3）消费者因不符合食品安全标准的食品受到损害的，可以向经营者要求赔偿损失，也可以向生产者要求赔偿损失。接到消费者赔偿要求的生产经营者，应当实行首负责任制，先行赔付，不得推诿；属于生产者责任的，经营者赔偿后有权向生产者追偿；属于经营者责任的，生产者赔偿后有权向经营者追偿。

生产不符合食品安全标准的食品或者经营明知是不符合食品安全标准的食品，消费者除要求赔偿损失外，还可以向生产者或者经营者要求支付价款十倍或者损失三倍的赔偿金；增加赔偿的金额不足一千元的，为一千元。但是，食品的标签、说明书存在不影响食品安全且不会对消费者造成误导的瑕疵的除外。

（二）旅游饮食安全防范

虽然国家为了保障食品安全出台了多项法律法规，但旅游经营者和游客在旅行过程中也要做好安全防范。旅行在外品尝当地的美食是必不可少的，但享受美食的同时，还要牢记“病从口入”“安全第一，预防为主”。

1. 旅行饮食安排

由于旅行期间地理环境、作息时间和饮食习惯的改变，加之旅行比较辛苦，食欲很容易受影响，进而影响到身体健康。因此合理安排旅行中的饮食，兼顾营养、美味非常重要。

旅行中能量消耗大，每餐应进食部分高热量的食品以补充体力，考虑到身体适应性，不建议食用过于油腻和辛辣的食品。早餐建议在旅行前 2 小时，早晨 7 点 ~ 8 点之间为宜，晚餐宜在旅行后 1 小时，最好不迟于晚上 7 点。晚上休息前可以喝杯牛奶以补充营养，促进睡眠。旅行中不建议过度饮酒和吸烟，烟酒容易对血液循环和呼吸系统造成伤害。

不同年龄的游客对饮食要求不同。老年人一般适合软烂、清淡食物，少食多餐，多食用蔬菜，汤水充足。中年人工作压力大，消化吸收能力减弱，饮食适合低脂、低糖、高蛋白，维生素和微量元素要丰富。而青少年一般处于快速生长期，代谢功能强，只要保证饮食质量，营养均衡即可。

2. 安全饮食的原则

（1）安全卫生、利于健康

旅行中时刻牢记安全第一，在饮食方面尤为如此。首先安全卫生是选择食物和进食场所的必要条件，其次还要兼顾利于身体健康，这就需要了解游客个人身体状况，若是团队旅行，要牢记每个游客的饮食禁忌。

（2）营养均衡、质价相符

旅行中饭菜要荤素搭配，营养均衡，有利于体力恢复，保证旅行质量。饭菜质量与价格相符，提倡“光盘行动”，切忌铺张浪费。

（3）三餐合理、兼顾特色

早餐建议选择在饭店用，饭店早餐通常是自助式，汇聚各地早餐品种，还有当地特色。这样旅客早餐时间比较充裕，营养也能保证。午餐建议选择在上午旅行结束前的最后一个景点或下午第一个景点附近，确保游客有时间恢复体力。晚餐可以选择在当地特色风情街进行，地点不限。游客可以有更多机会了解当地的风土人情，充实旅行生活，增长阅历。自由活动时，选择当地证照齐全整洁的餐饮店购买食物，尽量避免购买流动摊贩售卖的食品饮料。

（4）慎选饮品、保持体力

旅行中体能消耗大，身体需要经常补充能量。一般而言若选择功能饮料，要根据游客自身情况而定，并非所有人都适合饮用功能饮料。但饮水是必须的，饮水一般选择蒸馏水、开水和消毒净化过的自来水、山泉和深井水，而江、河、塘、湖水即使看起来干净，也千万不能生饮。

（5）特殊行程、节制饮食

在乘坐汽车、火车、轮船或飞机时，由于场所有限，运动量减少，食物的消化速度减慢、能量消耗少，游客要节制饮食，减轻肠胃的负担，避免出现肠胃不适。

3. 食品的选择

（1）新鲜食品

在旅行中，选择新鲜、色泽正常，或者是包装完好、各种标识齐全、保质期相对短的食品。对自己不熟悉的食品要多了解，仔细查验各种成分、标识，确定是否购买，如选择购买则要到正规场所购买。

（2）多汁食品

旅行中人体水分消耗量大，建议多食汤食及清淡食品，尽量选择食用新鲜蔬菜、瓜果，荤素搭配，油炸、油腻食品要少用。饮品选择含糖量低的汽水、含维生素的饮料或淡盐汽水等，既解渴又可以减轻疲劳。有的游客口渴时又看到山泉水，益发觉得口渴难耐，恨不得一次喝个够。然而山泉水通常温度较低，生饮会刺激消化系统，容易引起不良反应。有的泉水还含有有害矿物质，有的地方污染严重影响到泉水质量，这样的泉水饮用后对健康更为不利。

（3）营养食品

有些游客会随身携带常用的营养食品，在食用时要注意适量，以免影响旅行，毕竟环境和身体状况与居家不同。

（4）风味食品

游客随身携带旅游食品，应适合自己口味，最好多种风味互相搭配食用，以增进食欲。也可以选购当地质量可靠的特色食品，旅行 + 美食，神仙也羡慕。

4. 特殊食品的重点防范

通常容易导致旅游饮食安全问题的食品除冷荤、凉拌菜、剩米饭和肉制品外，水产品类、芸豆类、野生菌类、腌菜类出现问题也较多。

（1）食用水产品安全防范

水产品营养价值很高，颇受游客喜欢。但是有资料显示，水产品极容易腐败变质，有些水产品体内还藏着多种致病细菌和寄生虫，有的还存在固有的毒素。人若食用了这类产品，可能引起感染及患上食源性寄生虫病，严重者危及生命。每年都有食用水产品出现安全问题的相关报道，尤其是海鲜类安全问题较多。但也不能因噎废食，只要注意安全防范即可。下面主要对海鲜产品的安全防范加以阐述。

首先，购买海鲜时要选择活海鲜。通常食用鲜活的海鲜是不会出现问题的，往往是那些不知道死了多长时间的海鲜给人类带来了疾病，尤其是死蟹最好不要买来食用。

其次，海鲜尽可能熟吃，生吃要谨慎。生吃海鲜要先冷冻，然后浇点淡盐水，这样可以有效杀死细菌。对于消化系统弱、免疫力低的人来说，生吃海鲜容易引起海鲜中毒。

有甲壳的海鲜，要先将外壳刷洗干净后再进行烹制；贝壳类海鲜要先在海水或淡盐水中浸泡（也可滴几滴香油），让它吐出泥沙后再烹制。

图 2–2　海鲜应尽可能熟吃，生吃要谨慎

再次，要清楚食用海鲜的禁忌。海鲜食品嘌呤含量较高，关节炎、痛风患者宜少食，否则容易加重病情。食用海鲜时，尽量辅以白酒或葡萄酒，少饮啤酒。白酒和葡萄酒能够杀菌和去腥，而海鲜配啤酒，会产生过多的尿酸，从而引发痛风。

最后，食用海鲜后不要立即吃水果。海鲜中含有丰富的蛋白质和钙等营养成分，如果与鞣酸含量高的水果，如柿子、葡萄、石榴、山楂等同食，容易引起人体不适，出现呕吐、恶心、头晕、腹痛、腹泻等症状。当然，这种同食需要达到一定量才会表现出症状。建议食用海鲜后间隔 2 小时以上再食用水果，另外，食用海鲜后 1 小时内尽量不要食用冷饮。

（2）芸豆类食物的安全防范

芸豆虽然各地品种形状不同，但通常都称豆角，是全国各地餐桌上最为常见的蔬菜。20 世纪 70 年代就已发现，芸豆类在烹调加工不熟的情况下能使人中毒，但每年还有因食用方法不当而发生的中毒事件。

为防范芸豆类食物引起安全事故，要时刻牢记芸豆熟透方可食用。最安全的食用方法是炖食，这种方法能够充分破坏掉芸豆中的毒素。红烧、干煸时要保证熟透，色泽深暗，吃起来不脆、没有生豆味。凉拌时需要蒸透或煮透，如焯水也要时间长点使其断生，再拌以佐料食用。

芸豆中含有的皂素是致命毒素，如果芸豆在烹饪时没有熟透，皂素会强烈刺激消化道。另外，芸豆中含有的凝血素有凝血作用，还含有亚硝酸盐和胰蛋白酶，可刺激人体的肠胃，使人食物中毒，出现胃肠炎症状。

图 2-3 豆角一定要烹饪熟透后才能食用

（3）野生菌的安全防范

我国目前已经报道的食用菌有 981 种，云南境内已发现 850 种，但人工栽培的食用菌仅有 60 多种，能大规模生产的仅有 20 种左右。野生菌主要是指被列为“草八珍”的云南特有珍稀野生食用菌，有“真菌之花”“菌中皇后”之誉。此菌类价格昂贵，可比黄金，一般生长在海拔 2000~4000 米地带。食菌中毒事件主要发生在我国西南地区，特别是云南、湖南和贵州等地，多数中毒事件为家庭自采误食导致。

图 2-4 野生菌的毒性难以辨识，不可轻易采食

食菌中毒者多数人都是胃肠炎型轻度中毒，表现为剧烈恶心、呕吐、腹痛等；还有神经精神型，表现为头昏、恶心、呕吐，然后出现烦躁、谵妄、幻视等症状。如果中毒严重，对人体损害极大，可能产生急性肝损害、急性

肾衰竭、胃肠炎、神经精神症状、溶血和光敏性皮炎等后果，中毒者救治起来很困难，严重者会导致死亡。

防范野生菌中毒最重要的一点是不要自采自食野生菌。越是鲜艳美丽的菌类毒性越大。最好购买曾食用过的熟悉的菌类，加工时炒熟炒透，以减少中毒发生的可能性。食用野生菌每次最好食用一种野生菌，不要混杂食用，种类不同的野生菌混炒容易发生化学反应。

食用菌类后如有恶心、头晕、呕吐、看东西不明或幻视、幻听症状，应立即就医，来不及就医的应立即进行催吐、导泻处理，尽快排除体内残菌，减缓有毒物质的吸收，防止病情加重。

第三节 旅游饮食安全事故的应对

《食品安全法》中，食品安全事故指食源性疾病、食品污染等源于食品、对人体健康有危害或者可能有危害的事故。食源性疾病，指食品中致病因素进入人体引起的感染性、中毒性等疾病，包括食物中毒。在现实生活中，食品安全事故时有发生，尤其是食物中毒，更是在旅行生活中较为常见。旅游从业人员和游客掌握旅游饮食安全事故的应对措施，有助于将事故危害降至最低。

<<< 案例 2-4 >>>

一个面包，千元赔偿

2020 年 10 月，游客张女士在下榻的某酒店花费 10 元购买了一袋面包，食用时发现面包表面有蓝色的小斑点。而包装袋上标识的生产日期为当日上午 7 时，保质期为 3 天，因此并没有超过保质期。酒店方解释，包装时可能由于疏忽把剩下的面包混装了。张女士和酒店交涉，双方出现争执，酒店最终赔偿张女士 1000 元。请分析：如果你是张女士，发现食用有霉点变质面包后应如何处理？

【分析要点】

1. 张女士发现食用变质面包后是否有中毒症状，如果有，第一时间停止食用变质面包，大量饮水，催吐，尽快就医。

2. 如果没有，也要催吐，尽快排出有毒物质。

一、旅游饮食安全事故应急预案

旅游饮食安全事故归类于食品安全事故，为了应对食品安全事故的发生，《食品安全法》中对此有明确规定。

（一）食品安全事故应急预案

国务院组织制定国家食品安全事故应急预案。

县级以上地方人民政府应当根据有关法律、法规的规定和上级人民政府的食品安全事故应急预案以及本行政区域的实际情况，制定本行政区域的食品安全事故应急预案，并报上一级人民政府备案。

食品安全事故应急预案应当对食品安全事故分级、事故处置组织指挥体系与职责、预防预警机制、处置程序、应急保障措施等作出规定。

食品生产经营企业应当制定食品安全事故处置方案，定期检查本企业各项食品安全防范措施的落实情况，及时消除事故隐患。

（二）食品安全事故分级

按照《国家食品安全事故应急预案》规定，食品安全事故分为特别重大、重大、较大和一般四个级别。根据食品安全事故分级情况，食品安全事故应急响应分为Ⅰ级、Ⅱ级、Ⅲ级和Ⅳ级响应，分别由国务院和省、市、县级人民政府启动应急响应。

二、旅游饮食安全事故的信息通告

《食品安全法》规定，任何单位和个人不得对食品安全事故隐瞒、谎报、缓报，不得隐匿、伪造、毁灭有关证据。

（一）事故单位信息报告

发生食品安全事故的单位应当立即采取措施，防止事故扩大。事故单位和接收病人进行治疗的单位应当及时向事故发生地县级人民政府食品药品监督管理、卫生行政部门报告。

（二）相关部门通报

县级以上人民政府质量监督、农业行政等部门在日常监督管理中发现食品安全事故或者接到事故举报，应当立即向同级食品药品监督管理部门通报。

（三）监管部门逐级上报

发生食品安全事故，接到报告的县级人民政府食品药品监督管理部门应当按照应急预案的规定向本级人民政府和上级人民政府食品药品监督管理部门报告。县级人民政府和上级人民政府食品药品监督管理部门应当按照应急预案的规定上报。

（四）医疗机构及时通报

医疗机构发现其接收的病人属于食源性疾病病人或者疑似病人的，应当按照规定及时将相关信息向所在地县级人民政府卫生行政部门报告。县级人民政府卫生行政部门认为与食品安全有关的，应当及时通报同级食品药品监督管理部门。

县级以上人民政府卫生行政部门在调查处理传染病或者其他突发公共卫生事件中发现与食品安全相关的信息，应当及时通报同级食品药品监督管理部门。

三、旅游饮食安全事故的应对措施

（一）政府相关部门联动应对

《食品安全法》规定，县级以上人民政府食品药品监督管理部门接到食品安全事故的报告后，应当立即会同同级卫生行政、质量监督、农业行政等部门进行调查处理。《国家食品安全事故应急预案》规定，事故发生后，根据事故性质、特点和危害程度，立即组织有关部门，依照有关规定采取下列应急处置措施，以最大限度减轻事故危害：

1. 救治。卫生行政部门有效利用医疗资源，组织指导医疗机构开展食品安全事故患者的救治。

2. 调查。卫生行政部门及时组织疾病预防控制机构开展流行病学调查与检测，相关部门及时组织检验机构开展抽样检验，尽快查找食品安全事故发生的原因。对涉嫌犯罪的，公安机关及时介入，开展相关违法犯罪行为侦破工作。

3. 封存。农业行政、质量监督、检验检疫、工商行政管理、食品药品监管、商务等有关部门应当依法强制性就地或异地封存事故相关食品及原料和被污染的食品用工具及用具，待卫生行政部门查明导致食品安全事故的原因后，责令食品生产经营者彻底清洗消毒被污染的食品用工具及用具，消除污染。

4. 召回。对确认受到有毒有害物质污染的相关食品及原料，农业行政、质量监督、工商行政管理、食品药品监管等有关监管部门应当依法责令生产经营者召回、停止经营及进出口并销毁。检验后确认未被污染的应当予以解封。

5. 通报。及时组织研判事故发展态势，并向事故可能蔓延到的地方人民政府通报信息，提醒做好应对准备。事故可能影响到国（境）外时，及时协调有关涉外部门做好相关通报工作。

（二）现场食物中毒的应对

1. 食物中毒常规应对

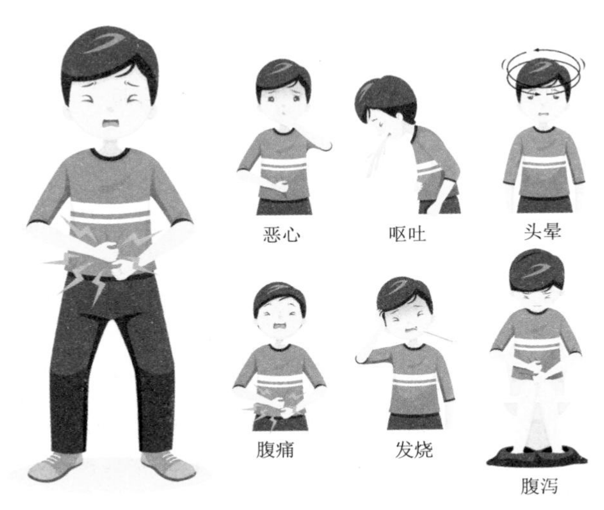

图 2-5　食物中毒症状

旅行途中一旦发生食物中毒，应立即根据症状和饮食分析发病原因，采取相应措施。食物中毒潜伏期短，多数表现为肠胃炎症状，一般和食用某种食物有关。最常见的是呕吐、腹泻，同时伴有中上腹部疼痛。患者也可能会出现因上吐下泻而导致的脱水症状，有的出现口干、眼窝下陷、皮肤弹性消失、四肢寒凉、脉搏微弱、血压降低等症状，严重者可能休克。旅行中游客如感觉身体异样，出现食物中毒症状，应立即停止食用可疑食物，并拨打“120”。在急救人员赶到之前，现场旅游从业人员和游客可以采取以下措施自救：

（1）大量饮水

立即饮用大量干净的水，对毒素进行稀释。

（2）快速催吐

若游客身体异常出现在食用可疑中毒食物后 1~2 小时内，中毒时间短，呕吐不明显，可先大量饮水并自行催吐，减少毒素吸收。催吐方法常用的是手指、筷子等刺激舌根部催吐；有条件的可取食盐 20 克加开水 200 毫升溶化，冷却后一次喝下，可反复喝几次，促进呕吐；也可用鲜生姜 100 克捣碎取汁，用 200 毫升温水冲服；如果中毒可能是变质荤食引起的，可通过服用“十滴水”来催吐；呕吐物中如发现血性液体，有可能是消化道或咽部有出血点，应停止催吐。

（3）辅助导泻

如果游客身体异常出现在食用可疑中毒食物后超过2~3小时，而且精神尚可，则可辅助用些泻药，促使中毒食物尽快排出。一般可用大黄30克一次煎服，年长患者可选用元明粉20克，用开水冲服，即可缓泻。对老年体质较好者，也可采用刺激性相对强的番泻叶15克一次煎服，或用开水冲服，能很快达到导泻的目的。

（4）食用解毒物

如果游客吃了变质海产品，如鱼、虾、蟹等导致食物中毒，可用食醋100毫升兑水200毫升，稀释后一次饮下；也可采用紫苏30克、生甘草10克一次煎服。如果是误食了变质的饮料或者防腐剂，灌服鲜牛奶或其他含蛋白的饮品是最为应急见效的方法。

（5）补充体液

呕吐、腹泻是身体对中毒的一种防御反应，但是也可能造成人体脱水，引发其他并发症，这时最好通过足够的淡盐水来补充身体流失的水分。

（6）尽快就医

经过简单催吐导泻处理后，如果中毒症状仍未消失，要尽快就医。

2. 特殊食物中毒应对

如果旅行途中因食用菌类发生了食物中毒，切莫恐慌，不要自乱阵脚，而要根据不同的菌类中毒情况采取针对性的应急措施。

（1）毒蘑菇中毒

由于蘑菇种类不同，有毒成分不一样，因此中毒表现也不同。胃肠型最为常见，通常食用后10分钟至2小时，患者会出现恶心、上吐下泻、腹痛剧烈等症状，及时治疗，一般不会出现生命危险。日光性皮炎也是一种蘑菇中毒的表现，食用后，患者暴露在空气中的皮肤被阳光照射后出现红肿胀痛，皮肤表面出现皮疹。食用毒蘑菇后，食用者出现胡言乱语、举止失常等症状，属于神经精神型。如果食用者食用蘑菇后先出现恶心、腹泻，2天至3天后出现皮肤变黄、肝脾肿大，属于溶血型，这种情况严重者可能会出现急性肾衰导致死亡。最严重的是脏器损害型，患者很快出现水样便，并伴有心、肝、肾等器官损害症状，病势汹汹，若抢救不及时极容易死亡。

图 2-6　云南市场中售卖的野生菌

根据症状表现判断如发生蘑菇中毒，要立即采取急救措施：

①立即拨打“120”，呼叫急救车。

②中毒者先饮用大量温开水或稀盐水，然后用手指刺激咽部催吐。

③在救护车到来之前，中毒者需饮用加入少量盐和糖的“糖盐水”补充体液，防止呕吐导致脱水而休克。

④对已昏迷的患者灌水时，注意不要发生窒息。

（2）野生菌中毒

如果发生菌中毒，先判断是何种菌引起的中毒，救助能够更有针对性。食用野生菌后出现恶心、头晕、呕吐、看东西不明或幻视、幻听症状，应立即采取相应措施：

①立即拨打“120”，呼叫急救车尽快前往就近医院救治。在吃了食用菌 10 分钟 ~72 小时内，如果情况紧急或就医条件有限，在等待医生来救治的过程中，先采取简单方法让患者减轻毒素的损害。

②立即采取简易方法进行催吐、导泻处理。若来不及就医，患者可大量饮用温开水或稀盐水，然后用硬物刺激咽部，尽快排除体内的残菌或减缓毒素的吸收，防止病情加重。若中毒症状是在吃菌后 4 小时内出现的，有毒物质仍然留在胃里，还未被完全吸收到血液中，这时可以先采取催吐、导泻的方法使毒素尽快排出体外。喝下大量的盐水或催吐药物，用手指、筷子等刺激咽部可催吐。若患者食用毒菌后没有明显腹泻，体质好的可用导泻的方法，体质差的可用温盐水或肥皂水灌肠。

③饮用少量盐糖水，补充体液。喝水对稀释毒素在体内的浓度有一定帮助，也可以防止患者脱水导致休克。

④对已昏迷的患者灌水时，注意不要发生窒息。

⑤保留食用的野生菌样品供专业人员救治参考。就诊时如能携带吃剩的菌或未烹饪的新鲜菌，并向医生详细说明菌的来源、烹饪方法、进食数量等，医生根据具体情况可进行有针对性的治疗。

四、旅游饮食安全事故的法律责任

（一）民事赔偿

违反《食品安全法》规定，造成人身、财产或者其他损害的，依法承担赔偿责任。生产经营者财产不足以同时承担民事赔偿责任和缴纳罚款、罚金时，先承担民事赔偿责任。

消费者因不符合食品安全标准的食品受到损害的，可以向经营者要求赔偿损失，也可以向生产者要求赔偿损失。接到消费者赔偿要求的生产经营者，应当实行首负责任制，先行赔付，不得推诿；属于生产者责任的，经营者赔偿后有权向生产者追偿；属于经营者责任的，生产者赔偿后有权向经营者追偿。

生产不符合食品安全标准的食品或者经营明知是不符合食品安全标准的食品，消费者除要求赔偿损失外，还可以向生产者或者经营者要求支付价款十倍或者损失三倍的赔偿金；增加赔偿的金额不足一千元的，为一千元。但是，食品的标签、说明书存在不影响食品安全且不会对消费者造成误导的瑕疵的除外。

图 2-7　食品安全是旅游安全的重中之重

（二）行政处罚

对违反《食品安全法》的规定，用非食品原料生产食品、在食品中添加食品添加剂以外的化学物质和其他可能危害人体健康的物质，经营病死、毒死或者死因不明的禽、畜、兽、水产动物肉类，或者生产经营其制品等违法行为根据食品安全法第 123 条补充内容，并处货值金额十五倍以上三十倍以下罚款；情节严重的，吊销许可证，并可以由公安机关对其直接负责的主管人员和其他直接责任人员处五日以上十五日以下拘留。

（三）刑事责任

生产者、销售者以及国家相关监管工作人员等有违法行为构成犯罪的，依法追究刑事责任。

《中华人民共和国刑法》第一百四十三条规定："生产、销售不符合食品安全标准的食品，足以造成严重食物中毒事故或者其他严重食源性疾病的，处三年以下有期徒刑或者拘役，并处罚金；对人体健康造成严重危害或者有其他严重情节的，处三年以上七年以下有期徒刑，并处罚金；后果特别严重的，处七年以上有期徒刑或者无期徒刑，并处罚金或者没收财产。"

第一百四十四条规定："在生产、销售的食品中掺入有毒、有害的非食品原料的，或者销售明知掺有有毒、有害的非食品原料的食品的，处五年以下有期徒刑，并处罚金；对人体健康造成严重危害或者有其他严重情节的，处五年以上十年以下有期徒刑，并处罚金；致人死亡或者有其他特别严重情节的，依照本法第一百四十一条的规定处罚。"

第四百零八条之一规定："负有食品药品安全监督管理职责的国家机关工作人员，滥用职权或者玩忽职守，有下列情形之一，造成严重后果或者有其他严重情节的，处五年以下有期徒刑或者拘役；造成特别严重后果或者有其他特别严重情节的，处五年以上十年以下有期徒刑：

（一）瞒报、谎报食品安全事故、药品安全事件的；

（二）对发现的严重食品药品安全违法行为未按规定查处的；

（三）在药品和特殊食品审批审评过程中，对不符合条件的申请准予许可的；

（四）依法应当移交司法机关追究刑事责任不移交的；

（五）有其他滥用职权或者玩忽职守行为的。

徇私舞弊犯前款罪的，从重处罚。"

（四）对主要负责人的处分

违反《食品安全法》规定，不履行食品安全监督管理职责，导致发生食品安全事故；隐瞒、谎报、缓报食品安全事故的，对直接负责的主管人员和其他直接责任人员给予记大过处分；情节较重的，给予降级或者撤职处分；情节严重的，给予开除处分；造成严重后果的，其主要负责人还应当引咎辞职。

被吊销许可证的食品生产经营者及其法定代表人、直接负责的主管人员和其他直接责任人员自处罚决定作出之日起五年内不得申请食品生产经营许可，或者从事食品生产经营管理工作、担任食品生产经营企业食品安全管理人员。

因食品安全犯罪被判处有期徒刑以上刑罚的，终身不得从事食品生产经营管理工作，也不得担任食品生产经营企业食品安全管理人员。

<<< 案例 2-5 >>>

集体食物中毒 政府积极应对

2018 年 8 月，北大清华等国内高校师生参加桂林电子科技大学承办的会议，25 日晚在桂林某国际大酒店就餐后，多人出现腹泻、呕吐、发烧等食物中毒症状，252 人分别到医院就诊，其中 92 人入院治疗。事发后，桂林市积极处置某国际大酒店食物中毒事件，桂林市政府、七星区政府立即启动食品安全应急预案。市、区两级食品药品监督、卫生计生部门及市疾病预防控制中心等部门立即开展相关工作。初步判断这是一起由沙门氏菌感染引发的食源性疾病事件。3 名相关责任人被行政拘留。

请分析：出现集体食物中毒后，地方政府应该如何应对？

【分析要点】

1. 救治。卫生行政部门有效利用医疗资源，组织指导医疗机构开展食品安全事故患者的救治。

2. 调查。卫生行政部门及时组织疾病预防控制机构开展流行病学调查与检测，相关部门及时组织检验机构开展抽样检验，尽快查找食品安全事故发生的原因。对涉嫌犯罪的，公安机关及时介入，开展相关违法犯罪行为侦破工作。

3. 封存。农业行政、质量监督、检验检疫、工商行政管理、食品药品监管、商务等有关部门应当依法强制性就地或异地封存事故相关食品及原料和被污染的食品用工具及用具，待卫生行政部门查明导致食品安全事故的原因后，责令食品生产经营者彻底清洗消毒被污染的食品用工具及用具，消除污染。

4. 召回。对确认受到有毒有害物质污染的相关食品及原料，农业行政、质量监督、工商行政管理、食品药品监管等有关监管部门应当依法责令生产经营者召回、停止经营及进出口并销毁。检验后确认未被污染的应当予以解封。

5. 通报。及时组织研判事故发展态势，并向事故可能蔓延到的地方人民政府通报信息，提醒做好应对准备。

（资料来源：界面新闻：题目《北大浙大等高校师生在桂林开会遭遇集体性食物中毒 92 人入院治疗》，作者：刘素楠 网址：https://www.jiemian.com/article/2420160.html，有改写。）

本章小结

本章主要针对旅游饮食安全事故原因进行分析，提出防范措施和应对方法，是理论与操作相结合，为防范和应对旅游饮食安全事故提供了相应的法律依据。

思考与练习

一、练一练

1. 旅行中最为常见的食源性疾病是（　　）。

A. 食物中毒　　B. 胃肠感冒　　C. 水土不服　　D. 胆绞痛

2. 生产不符合食品安全标准的食品或者经营明知是不符合食品安全标准的食品，消费者除要求赔偿损失外，还可以向（　　）要求支付价款十倍或者损失三倍的赔偿金；增加赔偿的金额不足一千元的，为一千元。

A. 生产者　　B. 经营者

C. 生产者或者经营者　　D. 生产者和经营者

3. 出现食物中毒症状，应立即停止食用可疑食物，并拨打（　　）呼叫急救车。

A. 122　　B. 110　　C. 119　　D. 120

4. 因食品安全犯罪被判处有期徒刑以上刑罚的，（　　）不得从事食品生产经营管理工作，也不得担任食品生产经营企业食品安全管理人员。

A. 五年　　B. 终身　　C. 三年　　D. 十年

5. 按照《国家食品安全事故应急预案》规定，食品安全事故分为（　　）

级别。

A. 五个　　B. 两个　　C. 三个　　D. 四个

二、安全小课堂

1. 简述游客旅行中饮食方面的注意事项。

2. 简述发生食物中毒后，旅游从业人员的应对措施。

3. 简述发生食物中毒后，游客的应对措施。

4. 简述旅游饮食安全防范的具体措施。

5. 简述食品安全事故分级。

6. 简述食品安全事故发生后政府相关部门应采取的应急处置措施。

三、情景训练

以小组为单位，进行食物中毒应对情景模拟：导游小张带领旅行团下榻某酒店后，突发群体性不良反应。

参考答案

参考文献

[1] 王永西 . 旅游安全事故防范与应对 [M]. 北京：中国环境出版社，2017.

[2] 杨晓安 . 旅游安全综合管理 [M]. 北京：中国人民大学出版社，2019.

[3] 陈学辉 . 食品安全与健康饮食 [M]. 沈阳：辽宁科学技术出版社，2018.

[4] 靳国章 . 饮食营养与安全 [M]. 北京：清华大学出版社，2017.

[5] 冯玉珠 . 饮食文化与旅游 [M]. 北京：化学工业出版社，2015.

第三章

旅游住宿安全防范与应对

本章重点

旅游住宿作为旅游活动的六大基本要素之一，是旅游过程中必不可少的组成部分。旅游住宿安全是指住宿企业及其所涉及的全部人员的人身、财物、精神等不受威胁和损害的一种和谐状态。本章包括旅游住宿安全概述、旅游住宿安全事故的防范、常见旅游住宿安全事故的应对三个部分的内容。通过学习，旅游从业人员应了解旅游住宿安全涉及的基本知识，掌握处理安全事故的相关技能，能够积极妥善地应对各类旅游住宿安全事故。

学习要求

了解旅游住宿安全基本知识；理解旅游住宿安全事故的主要原因和常见的旅游住宿安全事故类型；掌握旅游住宿安全防范的主要措施；掌握常见的旅游住宿安全事故的应对方法。

本章思维导图

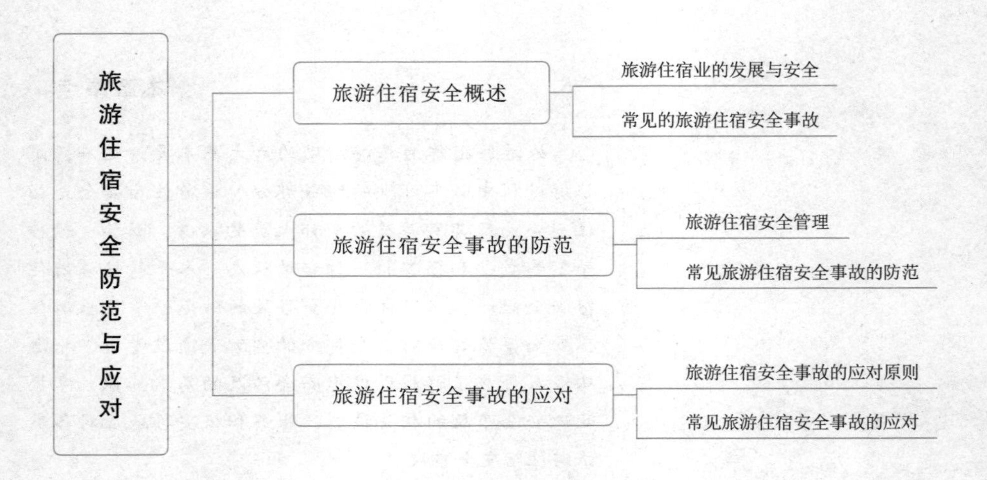

第一节 旅游住宿安全概述

一、旅游住宿业的发展与安全

旅游住宿业作为旅游行业三大支柱之一，在供给旅游服务，满足游客基本生理需要方面具有举足轻重的作用。改革开放以来，政府部门实施了一系列措施，积极引导、推进旅游住宿业全面健康的发展。当下，随着旅游产业转型升级与发展创新、旅游目的地建设思路与模式的变化、消费者心理诉求及消费需求的多样化，旅游住宿行业的内涵逐渐丰富，不断延伸。住宿行业逐步提供更加全面个性化的“吃”“行”“购”“娱”等服务。旅游民宿、乡村客栈、主题酒店、共享住宿、户外露营、度假租赁公寓等多种类型的住宿场所丰富了游客的出行选择，越来越多的游客围绕旅游住宿单元进行的旅游活动，能在很大程度上增加旅游体验的满意度。

旅游住宿安全就是游客在住宿场所的楼层和客房范围内人身、财产等权益没有危险的状态。在我国旅游住宿业蓬勃发展的形势下，一些安全问题也逐渐显现出来，如“财物失窃”“名誉受损”“疾病传染”“人身伤亡”等。如果住宿场所对这些问题能够进行有效的控制和预防，为游客提供安全的住宿环境，才能满足游客最基本的需求——安全需求，才是地区旅游业良好运行的前提。

因此，积极预防旅游住宿安全事故的发生，并能在事故发生时提出行之有效的对策，对旅游住宿业的发展有着重大的意义。

二、常见的旅游住宿安全事故

旅游活动的异地性，决定了游客在整个旅游活动过程中都处于一个陌生的环境里，而住宿场所相对独立和封闭，因此在住宿休息、放松身心时人们往往容易掉以轻心、忽视各种不安全因素，产生各种住宿安全事故。

旅游住宿中常见的安全问题主要分为：治安管理安全事故、消防安全事故、卫生安全事故等三大类。

（一）治安管理安全事故

1. 财物失窃

财物失窃是指游客在住宿场所内随身携带的贵重物品或现金被盗。旅游住宿安全事故中最常见的是财物盗窃，盗窃案件是发生在住宿场所最普遍、最常见的犯罪行为之一。住宿场所有大量的游客入住，人员流动性大，极易成为不法分子进行盗窃犯罪活动的目标。从偷盗的主体来看，旅游住宿业中的盗窃案件一般有以下三种类型：第一，犯罪分子进入住宿场所，伺机作案；第二，内部员工利用工作之便进行盗窃；第三，客人趁住店之机，顺手牵羊，对他人财物进行盗窃。这些盗窃安全事故的主要原因为，一方面旅游住宿场所安全管理体系不完善、安全管理标准不明确、安全设施设备存在问题、安全检查不精细等，都可能造成游客财物损失；另一方面游客防范意识不强，缺乏良好的安全习惯，引起偷盗分子注意，导致财物失窃。

2. 隐私泄露

隐私是指个人的一些个人资料、生活习惯、特殊嗜好、生理缺陷甚至不良行为等私密信息。一方面住宿游客在消费和接受服务时，与员工交流过程中会无意流露隐私信息，如姓名、身份证号码和入住房间等；另一方面社会上的不法分子利用非法手段，如黑客入侵电脑和安装针孔摄像头等，盗取客人隐私，进行电信诈骗、敲诈勒索和非法盈利等。隐私的外泄会影响客人的个人形象和心理情绪，甚至还会使其正常生活受到干扰。

3. 人身安全

人身安全是指包括人的生命、健康、行动自由、住宅等安全。在住宿场所发生的游客受伤事件一般有以下几个原因：地板太滑，游客摔伤；家具有尖角，游客撞伤；浴室水温不正常，游客烫伤；因游客素质各不相同，与员工或其他人员发生争执时，双方情绪失控而引发的暴力事件；安保不到位，导致游客被外来人员侵害骚扰等。

（二）消防安全事故

近年来，大量的国内外火灾案例显示，住宿场所是火灾频发的重点场所之一。这一方面是由于住宿场所为给游客创造一个良好舒适的环境，大部分使用多种易燃材料进行装修，如地毯、窗帘、毛织品和木质家具等，这些都是火灾隐患。另一方面住宿场所内各种电器设备较多，电路复杂，电力负荷大，也容易因为各种故障而发生火灾事故。一旦发生火灾事故，将直接危及住店客人和酒店员工的人身和财产安全，后果不堪设想。

（三）卫生安全事故

住宿场所要接待不同的游客下榻，其设施设备、服务用品的重复使用率非常高。虽然现在的住宿场所条件越来越好，也更加注重清洁卫生，但如果服务员缺乏责任心，在做清洁时偷工减料，不按程序操作，消毒不严，而酒店服务管理制度又不完善，就会导致客用设施各种病毒、细菌高度集中，并且引发交叉传染，给游客的身体健康造成巨大的威胁。

案例 3–1

五星级酒店卫生乱象

2018 年 11 月 14 日，某网友在自媒体平台发布视频，曝光了近 20 家五星级酒店的卫生乱象——客房服务员全程都只用一块从地上捡起的脏毛巾擦拭客房内任何地方以及所有物品。事件曝光后，一方面，各地涉事酒店陆续发布声明，向消费者道歉，表示已在内部展开彻查；另一方面，上海、北京、福建、江西、贵州等五省市文化和旅游主管部门派出督导检查组，赴被曝光旅游饭店进行现场督导检查，上海 7 家涉事酒店均被给予警告，各被罚款 2000 元。

【分析要点】

酒店的这些卫生乱象与当下的诚信建设背道而驰，透支着消费者对酒店的信任，更直接危及消费者的健康。而有关部门事后的处罚，既不能让涉事酒店感受到违规之痛，也不能让消费者满意认可。因此品牌和口碑的树立，不仅仅来自高端豪华的装修，最关键的是诚信、责任、道德，这些才是服务行业的根本。

（资料来源：陈合群 .2018 年十大消费侵权事件：酒店卫生乱象问题上榜 . http：//finance.sina.com.cn/consume/puguangtai/2019-01-25/doc-ihrfqzka0953404.shtml）

第二节　旅游住宿安全事故的防范

一、旅游住宿安全管理

良好的旅游住宿安全管理，不仅能为游客提供安全放心的休息环境，为旅游住宿业的发展提供坚实的基础，而且也能彰显旅游目的地良好的社会效益，带来长远的经济效益。基于旅游住宿准确高效的安全管理，各类安全事故就能够得到提前解决，并做到防患于未然，真正让游客拥有较佳的住宿体验和旅游体验。加强旅游住宿安全管理需要全员参与，上到各级各类行政管理部门的宏观行业管理，下到行业企业的微观个体管理，再到普通住宿游客的自我管理和住宿业从业人员的安全意识。

（一）行政管理

旅游住宿安全防范的重要保障前提就是行政管理。文化和旅游部、住宿业相关部门及省市各级相关单位要进一步强化住宿业安全执法及监督力度，并出台相应的政策法规，落实旅游安全责任，强化部门监管和旅游保险保障体系建设，规范我国旅游住宿业市场秩序，从宏观上保障住宿业的行业安全。

1. 完善住宿行业相关法律法规

各个相关行政管理部门应进一步完善法律法规，使旅游住宿业安全执法工作更加有据可循，规范住宿业市场经营秩序，维护住宿服务经营者和消费者的合法权益，促进行业健康发展。

2. 加强监管力度，建立完善的住宿业监管体系

各地区各部门应从本地区实际出发，进一步完善监督管理制度，明确住宿业安全管理事故的应急主管部门和领导部门，明确旅游住宿监督管理工作的具体实施细则，确保落实到每个科室、每个环节和每个人员，积极推进各部门各单位机构整合，使监管机构的设置更为科学化、合理化，提高法律法规的实施效率。

3. 加强各部门通力合作，共同保障住宿安全

旅游、公安、消防等各有关部门务必按各自的监管职责，通力合作，加强联合监管的力度，积极探索构建有利于增强住宿场所消防安全监督管理效果的信息沟通和联合执法机制，把好安全关，确保安全。

4. 加强多元化手段的运用，推动住宿消防安全水平提升

行政部门要强化住宿企业在公务采购中对消防安全的要求，促使住宿企业自觉改善消防安全条件，从而达到减少住宿消防安全事故的目的；公安消防部门在消防监督执法时应及时采集和公示住宿企业的消防信息和信用信息，引导社会公众选择安全消防工作到位的住宿企业，同时对安全工作不到位的住宿企业进行公示，约束其不规范行为，责令其改正。

（二）自律管理

自律管理是指旅游住宿企业自我规范、自我协调的行为机制，是促进旅游住宿行业健康发展的重要措施。旅游住宿企业要强化经营主体的责任意识和安全意识。

1. 完善安全管理体系

住宿企业要制定完善的安全管理体系，加强安全管理的强度，制定相应的规章制度并落实到位，引进先进的安全管理技术手段，设置必要的安全提醒与警示标识，避免因侥幸心理或管理疏漏而导致安全事故的发生。

2. 增强安全责任意识

住宿企业应提高安全认知，增强责任意识，从经营主体的角度出发，从场所选址、建筑施工，到后期的装修装饰，以及运营过程中易燃易爆物品的存放保管等，都应制定详细的安全防范操作规程，并定期对易发事故地点进行清洁工作，消除违法违规行为，自觉开展消防安全行业自律。

3. 构建职业安全管理体系

住宿安全具有全员参与性，每一位从业人员都直接关系到安全管理的成效。因此，住宿企业要积极构建职业安全健康管理体系，引导从业人员树立正确的职业观、价值观，增强从业人员安全生产意识，疏导从业人员的心理压力，杜绝安全隐患，防止安全事故发生。

4. 加强教育宣传

住宿企业可以播放安全教育视频、发放宣传手册、在客房张贴安全提示等多种方式进一步强化游客的安全意识；同时，为提高社会公众的安全意识和事故防范与应对能力，旅游住宿企业可以在全社会范围内推动安全知识与自救能力的培训，形成所有公众参与的良好的安全监管氛围。

（三）全员管理

全员管理就是在行政部门和旅游住宿行业创造的大的安全环境下，规范旅游住宿从业人员安全生产，引导住宿游客安全消费，全面参与到旅游住宿安全管理中。

二、常见旅游住宿安全事故的防范

（一）治安管理安全事故的防范

1. 完善安全管理设施设备

为更好地保证游客的安全，必须要将人防与技防相结合，完善住宿企业的设施设备，例如闭路电视监控系统和各种报警装置等。同时，为保证各种安全设备的正常工作，住宿企业要对其进行日常的维护和保养，发现问题及时处理，杜绝安全隐患。

2. 强化安全巡查管理工作

住宿企业在安保方面要做到人防和技防有效结合，坚持实地勘察和网络勘察并重，日常监督检查和专项突击检查紧密结合，整治突出问题，建立长期巡查防控机制。

3. 建立完善安全管理体系

建立严格完善的规章制度，构建相应的安全管理体系，执行贯彻并落到实处，是住宿企业安全运营的基本依据和保障。为有效防止治安管理安全事故的发生，住宿企业要建立健全访客登记制度、巡逻制度和安全检查制度，做好门禁卡的管理工作，加强客房钥匙和楼层通用钥匙的监管，对住客信息进行保密，发现可疑情况要及时上报核实，确保住客人身财产安全。

4. 强化员工安全培训

员工在住宿场所安全管理中扮演着重要的角色，对住客的安全保障起着重要的作用。这就要求对员工进行专门的安全教育和培训，使他们具备必要的安全知识，掌握安全技能。首先，住宿企业要对从业人员进行严格的审查和筛选，防止图谋不轨的人混入内部；其次，必须提升从业人员的职业操守和警惕性，严惩因失职而造成住客人身财产安全受损的行为；再次，要定期性地对员工开展相应的安全技能培训，加强员工对安全事故应对的训练，强化员工的应急能力，促使员工将安全意识内化于心、外化于行；最后，住宿企业要对各种安全事故进行分析、汇总、整理和归纳，吸取经验教训，努力打造高质量的员工团队。

5. 提高住客安全意识

因住客自身安全意识淡薄，导致在住宿场所发生治安管理安全事故的案例不在少数，如贵重物品不存放于前台保管，而是随身携带或随意放置在客房内，让不法分子有机可乘，发生财物失窃事故；让陌生人进入房间，或与他人发生口角纷争、肢体冲突，结果造成住客人身伤害，发生人身安全事故等。因此，住宿企业应对住客开展安全教育和遵纪守法教育，提高住客的警惕性和安全意识，明确其防御责任，避免自身成为安全事故的制造者。

（二）消防安全事故的防范

1. 安装必要的防火设施设备

消防是住宿场所在建造和装修的过程中一定要考虑的至关重要的因素之一，为了有效防止火灾的发生，须安装必要的防火设施与设备，如楼层建筑设有太平门、安全通道等逃生设施，住房内使用阻燃窗帘、床罩和地毯等纺织品，安装烟雾报警器和自动喷水灭火装置等设备。

2. 建立消防安全管理制度

住宿企业要结合本单位特点，建立消防安全生产管理规章制度，制定保障消防安全的操作流程，并定期对其进行修订，确保其有效性和适用性。同时要将这些规章制度融入各项工作过程，构建一个常态化的安全管理体系。

3. 健全消防安全责任制

住宿企业要建立并严格执行消防安全工作责任制，明确职位、部门和工作主体责任，逐级落实岗位消防安全责任制，建立消防安全事故预警机制和应急处理机制，加强消防安全监督管理。

4. 加强员工消防安全教育

住宿企业各部门要按照国家的相关规定，严格员工的上岗要求，定期、不定期对员工进行消防安全培训，增强员工的消防意识，提高员工自救和救人的消防能力。

5. 制定应急疏散预案

结合工作实际，制定灭火和应急疏散预案，并定期开展消防安全演练，提高单位的消防安全事故应对能力。

6. 深化安全宣传教育力度

住宿场所发生的火灾事件中大多是由于游客的消防安全意识不强，从而引发火灾。为避免这种毁灭性的灾难发生，住宿企业要对游客加强引导，增强其消防安全意识。

（1）做好提醒工作

①安全吸烟

因吸烟不慎而导致火灾的事件不在少数。为避免灾难发生，提醒游客最好不要卧床吸烟，或在指定场所吸烟。同时无论是在哪里，都要确认烟头已经熄灭，然后再丢进垃圾桶。

②遵守规定

将易燃易爆物品带入房间、在客房内乱拉电线、违规使用大功率电器设备、随意使用明火等，也是造成火灾的常见原因。因此要提醒游客严格遵守住宿安全规定，杜绝一切不安全行为。

（2）告知住宿场所相关信息

①住宿指南

入住酒店后，要提醒游客浏览客房内的住宿指南，并记下其常用号码和内部应急电话号码，当发生火灾或其他紧急情况时，可以及时与总台或者消防控制室取得联系，不至于束手无策。

②安全疏散示意图

当发生火灾等紧急情况时，安全逃生的重要条件之一就是熟悉周围环境。入住客房后，要提醒游客留心房门贴后的安全疏散示意图（也就是逃生路线图），了解房间在住宿场所的具体位置和疏散线路，留意楼梯、太平门、安全出口的位置，以及消防栓、灭火器和报警器的位置，以便在火灾发生初期及时将其扑灭，或者在预警时能逃出险区，并在被困的情况下及时报警求救。为了安全起见，确保火灾事故发生时能准确无误地疏散到安全出口，游客最好亲自到各个地方看一看，掌握好疏散距离和时间。

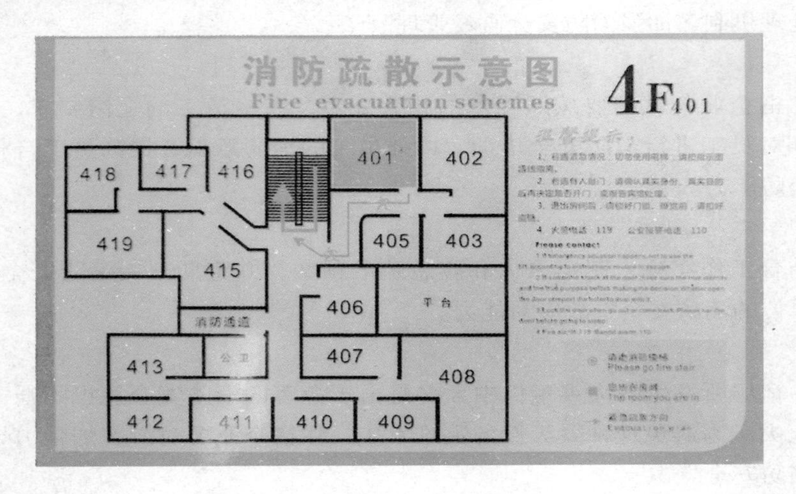

图 3-1　某建筑内的消防疏散示意图

（3）增强自身应对能力

①掌握灭火设施的使用

住宿场所内部往往配有相应的室内消防栓、灭火器、自动灭火和报警设施以及逃生器材。游客应仔细阅读其提供的相关信息，留意与安全相关的各种细节，熟悉各类消防设施的状况，了解客房走道可使用的消防设施。

②了解新型设备的知识

随着科学技术的进步，建筑物防灾设计日益完善，会有很多相应的新鲜事物、新型设备出现，例如住宿场所可能会配备有的防毒面具。因此入住客房后，要留意观察，多去发现，即使对于有些设备不太了解，也可通过阅读说明书进行有意识的学习，掌握其使用方法，一旦发生火灾能够有效使用，从而减轻甚至避免火灾伤害。

（三）卫生安全事故的防范

1. 强化员工的卫生意识和职业道德

通过教育培训和酒店制度规范员工的行为，要求员工按正常的操作流程进行客房清洁，不偷工减料。同时，对患有传染性疾病客人使用过的设施设备要采取强消毒措施，防止病原传播，保证住店游客的卫生安全。

图 3-2　游客入住酒店后，需留意消防栓、灭火器等安全设施的位置

2. 采取科学消毒防护措施

根据卫生部门的检测标准，使用消毒设备和药剂改善空气质量，采取科学有效的防护措施，降低客房卫生安全风险。

3. 提升客房卫生质量

住宿企业可自行购买检验设备，采用简单易行的检测手段对客房进行卫生检查，严把卫生关，及时发现问题，提升客房卫生质量。

第三节　旅游住宿安全事故的应对

一、旅游住宿安全事故的应对原则

安全事故的发生往往难以预料，事故发生后，住宿企业员工和有关人员应全力以赴进行救援，采取一系列尽可能的手段，尽最大的努力减少人员伤亡和财物损失，把事故的不利影响降低到最低的程度，保护游客的基本权益，维护旅游住宿业的声誉。

（一）“人身安全第一”原则

旅游从业人员要始终把游客的人身安全工作放在首位，时刻牢记“生命至上、安全第一”，积极做好各项防范工作。

（二）积极应对原则

事故一旦发生，旅游从业人员应做到镇定自若、处事不慌，保持冷静的心态，凭借自身的职业素养和过往经验，积极应对处理突发事件。

（三）妥善处理原则

任何时候发生事故，旅游从业人员都要立即报告相关部门，按领导指示做好善后工作，协调处理各方面关系。

二、常见旅游住宿安全事故的应对

（一）治安管理安全事故的应对

1. 财物失窃事故的应对

游客在住宿期间发现财物丢失、被盗或被骗后，可以向总台反映情况或者直接报警。无论是报失还是报案，住宿企业都应立即进入应急程序，稳定客人情绪，保护现场，了解丢失物品的大小、形状和型号等，协助客人或公安机关调查失窃原因，寻找线索，尽快破案。

2. 隐私泄露事故的应对

当隐私泄露事故对游客造成伤害时，从业人员要第一时间安抚客人情绪，避免其作出过激行为；当游客隐私利益遭到侵害时，住宿企业要查明事情原委，找到侵权人，并向被侵害游客赔礼道歉和赔偿损失；对于侵害游客隐私情节严重、触犯法律的，为防止事件进一步恶化，要及时报警，进行维权。

3. 人身安全事故的应对

游客因身体原因或意外情况而导致身体不适或突发疾病或受到其他伤害，从业人员要及时发现并汇报处理，每一个环节都要注意工作细节和遵循既定的服务规范，妥善积极地应对突发事故，保证游客的人身安全。

（二）消防安全事故的应对

灾难的发生往往是难以预料、代价惨重的，尤其是人员密集的住宿场所在夜间发生的火灾。火灾发生时，面对浓烟毒气和熊熊烈焰，旅游从业人员只有保持镇定，沉着冷静，运用火场逃生知识，才能有机会引导游客逃出险境，并获得自救。因此，多积累并掌握火灾相关的知识，才能够在火灾发生时安全应对。

1. 初期灭火

火灾发生初期往往势头较小，一旦发现有苗头，就应利用就近的物品或者消防器材将火扑灭。常见的初期火灾的扑灭方法有以下几种：

（1）隔离法

隔离法就是将燃烧物附近的各种可燃物隔离、疏散开，使之失去燃料，停止燃烧。这种方法多适用于气体、液体和固体火灾。例如关闭阀门，阻止可燃气体、液体流入燃烧区；将火源近旁的易燃易爆物品转移到其他地方。

（2）冷却法

冷却法就是将燃烧物或邻近火场的其他可燃物的温度降到燃点（着火点）以下，使燃烧停止。如常用水或干冰喷射至物体表面，进行降温灭火，用水桶、脸盆和水枪等扑灭房间的火。

（3）窒息法

窒息法就是采用一些措施，阻止空气流入燃烧区，或用惰性气体稀释氧的浓度，切断氧的供给，使燃烧物因断绝或缺乏氧气而熄灭。这种方法适用于发生在扑救封闭式空间的火灾，如发生初期火灾，在上风处将湿被褥、湿毛毯等覆盖在燃烧物上，熄灭火苗，窒息灭火，但应注意防止其复燃。

（4）抑制法

抑制法就是将化学灭火剂喷入燃烧区，参与到燃烧的反应过程中从而终止链式反应，使燃烧停止。抑制法常见的灭火剂有卤代烷灭火剂和干粉灭火剂等。在灭火时，将灭火剂喷射至燃烧区，阻断燃烧反应，同时采取降温措施防止复燃。

2. 及时报警

当火灾已经发展到一定规模，不足以自行扑灭时，一定要及时报警，这样可以最大限度地避免人员伤亡和降低财产损失。根据我国的相关法律规定，任何人发生火灾时都应立即报警。

（1）向谁报告火警

可以向公安消防队、单位的专职或义务消防队以及火点附近的相关人员报警。

（2）如何报告火警

可以向公安消防队拨打火警电话“119”报警，也可以使用应急广播系统利用语音报警，还可以使用其他约定方式，例如汽笛、警铃等报警。

（3）报火警的内容

第一，讲清着火单位或个人的详细信息，如酒店的名称、地址和明显地标等；第二，讲清火情的相关概况，如起火时间、火灾规模和场所部位等；第三，讲清个人的姓名和电话号码，以便消防队随时取得联系，掌握火灾现场情况。

3. 逃生救助

（1）火场逃生的原则

①安全第一，迅速撤离

被火围困时，应引导游客利用身边一切可以利用的物品和工具，抓住有利时机快速撤离危险区。需要强调的是，一定要走逃生通道和楼梯，禁止使用电梯。即使在逃生通道被封死的情况下，如果没有任何的安全保障，也不要轻易采取跳楼、跳窗等过激行为，以免造成不必要的伤亡。

图 3–3　设置于酒店外墙上的逃生楼梯

②大局为重，救助结合

第一，自救和互救相结合。火灾发生时，旅游从业人员应第一时间帮助游客首先逃离火灾危险区，有秩序地疏散人员离开。

第二，自救与消除险情相结合。及时扑灭小火，行为惠及他人。在能力和条件许可时，要争分夺秒、千方百计消除险情，消除危险。

第三，注意自保，等待救援。在火灾来势汹汹、势不可当的情况下，当逃生的通道被切断时，一定要借助各种防护措施，注意保护游客，等待救援人员开辟通道，逃离火灾危险区。

（2）掌握逃生知识

①当逃离火场经过充满烟雾的通道时，为了防止浓烟呛入，降低危害，应将毛巾、口罩或者衣物浸湿，捂住口鼻，快速疏散至安全出口。

②当走道烟火较大，向外疏散困难时，可以用冷水浇透全身，或者用湿毯子、湿棉被等将自己包裹好，再冲出去。如果火势太大，实在无法逃离或短时间内无人救援时，要创造避难场所。如迅速关紧各个迎火的门窗，并打

开背火的门窗，将浸湿的床单和毛巾等堵住门缝，并用水不停地淋透房门，始终让其保持湿润状态，防止烟火渗入，等待救援。同时要在窗口晃动鲜艳衣物，或者发出较大的敲击声响，引起救援人员的注意。

③如果火已及身，切忌惊跑，应及时用水浇灭，或立刻脱掉衣服，或就地打滚压灭火苗。

④如果火势太猛，而楼层又不太高（一般 4 层以下）时，非跳楼不可的话，也要讲究技巧。跳楼时，应尽量选择往草地、水池、软雨棚等地方跳；如果可能，为减缓冲击力，要尽量撑开大雨伞或抱些沙发垫、棉被等松软物品跳下。徒手跳楼则一定要扒阳台或窗户使身体自然下垂跳下，以尽量降低垂直距离，落地前要双手抱紧头部且身体弯曲卷成一团，以减少伤害。

（3）充分利用各种逃生设施和器材

①缓降器。缓降器是一种由挂钩、绳索、吊带及速度控制器等组成的安全逃生装置，可以使人沿着绳索从高空缓慢下降。一般会用安装器具将它固定在高层或多层公共建筑物的窗口、阳台和房屋平顶等处。

②救生袋。救生袋通常又称救生通道，它是两端开口，供人从高处进入其内部缓慢滑降的长条形袋状物。逃生者进入袋内，可以根据自身的重量和不同的姿势来控制滑降的速度，直至落地脱离危险。

③逃生绳索。如果没有专门的逃生设施而又必须逃离时，可以利用身边的绳索或衣服、窗帘、床单等自制简易救生绳。将绳索用水淋湿，一端拴在室内的重物、桌子腿等能够承重的地方，另一端从阳台或者窗户投到室外，然后戴上手套或者用其他替代物保护好双手，紧握绳索，缓慢滑降到安全楼层或地面。

4. 妥善处理善后事宜

游客得救后，旅游从业人员应立即组织抢救受伤者，如有重伤者要迅速送往医院，有人死亡则按有关规定处理；采取各种措施安定游客的情绪，解决因火灾造成的生活困难，设法使旅游活动继续进行；协助领导处理好善后事宜，写出书面报告。

案例 3-2

8·25 哈尔滨酒店火灾事故

2018 年 8 月 25 日，一个约有九十余人的北京老年团，被集体安排在哈尔滨市松北区北龙温泉酒店入住。据了解，有旅客在退房时闻到一股烧焦味，不过当时味道不大，也未见明火。而发现火情的是一名六十多岁的女性游客，凌晨起来上厕所，听到屋外有燃烧声并闻到烧焦气味，随即报警。

根据当地导游表示，火灾发生时被困楼里的多为老人，因行动不便来不及逃走，并且提到烟串到三楼都没有任何警报响起。除此以外，多名曾在该酒店居住过的旅客向记者反映：一，该酒店内部构造复杂，识路困难，找不到安全出口；二，酒店内手机信号很弱，无法在室内拨打电话；三，酒店的墙面、地板多为木质结构。

在此之前，该酒店曾多次消防抽检不合格，被曝存在消防隐患。在 2017 年 12 月至 2018 年 2 月的三个月间，酒店被消防部门监督抽查过 4 次，抽查结果全部显示为不合格。此后在 3 月和 4 月又各抽查了一次，结果为合格。

此次起火时间为凌晨 4 时 12 分许，起火原因是风机盘管机组电气线路短路形成高温电弧，引燃周围塑料绿植装饰材料并蔓延成灾。据统计，火灾的过火面积约 400 平方米，造成 20 人死亡，23 人受伤，直接经济损失 2504.8 万元。

【分析要点】

酒店必须依法消除消防隐患，规范消防行为，做到合法经营。酒店消防安全责任人和消防安全管理人履职、建筑消防设施维护保养、疏散通道和安全出口畅通、用火用电用气安全管理、微型消防站能力建设等方面的情况，是规避酒店火灾的重要因素。消防部门在酒店发现的火灾隐患和消防违法行为，对危及公共安全的重大隐患问题应依法从严查处，并采取针对性措施，帮助单位提高自防自救能力。

（资料来源：柯坪县公安消防大队 . 酒店消防：哈尔滨火灾已致 20 死 23 伤！为什么造成如此严重的伤亡？ https：//baijiahao.baidu.com/s?id=1609866991679788043&wfr=spider&for=pc）

（三）卫生安全事故的应对

客房是消费者在住宿场所停留时间最长的地方，对于客房的卫生问题消费者一直都在高度关注。客房的卫生安全直接影响消费者对住宿场所的选择，同时也直接影响住宿企业是否能够长久发展，因此必须加强改善酒店的卫生管理工作。住宿场所的卫生安全管理工作以防范为主，针对卫生安全事故应采取有效解决措施积极应对。

1. 保持客房空气流通

虽然大部分住宿场所会采用紫外线消毒器或空气清新剂对客房进行杀菌、

除异味，但由于服务员打扫房间后习惯性地紧闭门窗，导致空气不流通，游客入住后，尤其是在淡季，会明显感到房间内空气混浊不清新，影响入住体验。因此，无论有无客人入住，服务员都应将门窗打开一定的时间，确保房内空气清新。

2. 确保床罩用品干净

客人直接接触的床上用品，如床单、被套、枕套能每天换洗，其他如枕芯、棉被、毛毯等则长时间不更换，虽然睡眠时肢体不直接接触这些用品，但也与客人休戚相关。因此，为确保客人健康不受威胁，住宿场所应制订定期的换洗计划和消毒计划，确保床罩用品干净。

3. 提高住客感知价值

住宿场所可以围绕顾客认知过程，从感觉、知觉等要素刺激客人购买前后和使用过程中对客房服务质量的感知，获得客人的认同感。例如在茶杯、毛巾等可用物品上标注“已消毒”字样，提醒客人放心使用，传递安全卫生信息。

旅游住宿安全是游客的基本生理要求，旅游住宿场所的安全管理必须做到全员参与，同时做到全方位、全覆盖，把安全管理工作做深、做细、做实，在安全的基础上构建良好的住宿环境，给游客创造一个满意的住宿场所。

本章小结

本章对旅游住宿安全进行分析总结，针对旅游住宿过程中较为常见的安全事件进行列举说明，提出行之有效的防范措施和应对方法，具有较强的操作性。

思考与练习

一、练一练

1.（　　）就是将燃烧物附近的各种可燃物隔离、疏散开，使之失去燃料，停止燃烧。

A. 隔离法　　B. 冷却法

C. 窒息法　　D. 抑制法

2. 与旅行社业、旅游交通业并称为旅游业的三大支柱的是（　　）。

A. 旅游娱乐业　　B. 旅游购物业

C. 旅游住宿业　　　　　　　　　　D. 旅游服务业

3. 旅游住宿安全防范的重要保障前提就是（　　）。

A. 行政管理　　　　　　　　　　B. 行业自律

C. 全员管理　　　　　　　　　　D. 自我约束

4. 发生在旅游住宿场所最为普遍的安全事故是（　　）。

A. 财物失窃　　　　　　　　　　B. 隐私泄露

C. 人身安全　　　　　　　　　　D. 消防安全

5. 发生火灾事故时，报警电话是（　）。

A.110　　　　B. 120　　　　C. 119　　　　D. 999

二、安全小课堂

1. 旅游过程中，常见的住宿安全事故有哪些？

2. 如何加强旅游住宿的安全管理？

3. 如果旅游住宿场所突然失火，应该如何应对？

4. 应该如何应对旅游住宿场所的卫生安全事故？

5. 发生旅游住宿安全纠纷时，应该如何处理？

参考答案

三、情景训练

模拟某旅行团在酒店住宿时，突发火灾事故的处理。要求：学生要分角色进行，角色包括导游人员、酒店工作人员和游客等。分析总结旅游从业者应对火灾事故的方法是否正确，最后提出在处理这类事故时的原则、组织协调及应变能力要求。

参考文献

［1］韩敏，王秋玉．浅谈酒店安全管理与防范［J］．维普资讯网，2016（24）．

［2］赵晗．谈酒店客房安全管理［J］．旅游纵览（下半月），2019.10.

［3］杨晓安．旅游安全综合管理［M］．北京：中国人民大学出版社，2019.8.

［4］吴振泓．谈酒店客房安全管理［J］．龙源期刊网，2019（20）．

［5］冯国华．现代旅游饭店安全事故原因分析及预防对策［J］．经营管理者，2011.10.

第四章

旅游景区安全防范与应对

本章重点

旅游景区安全管理是指旅游景区为了确保各旅游活动主体的安全，消除安全事故发生的各种潜在因素，确保景区秩序安稳，保持良好运营状态而实施的一系列计划、组织、指挥、协调、控制等管理活动。本章包括景区安全常识、景区安全事故类型与特点、景区安全防范的主要内容及重难点、景区安全事故应对方法与技巧等内容。重点讲解景区安全防范内容与重难点，通过案例剖析提出景区安全事故应对方法与技巧。

学习要求

了解旅游景区安全管理基本常识、工作方针和安全应对的依据、安全管理组织机构及职责。理解并掌握旅游景区安全管理方针及其特点。掌握旅游景区安全事故和安全防范的类型、管理重点及主要内容。理解旅游景区安全保障体系，掌握旅游景区安全事故应对的方法技巧。

本章思维导图

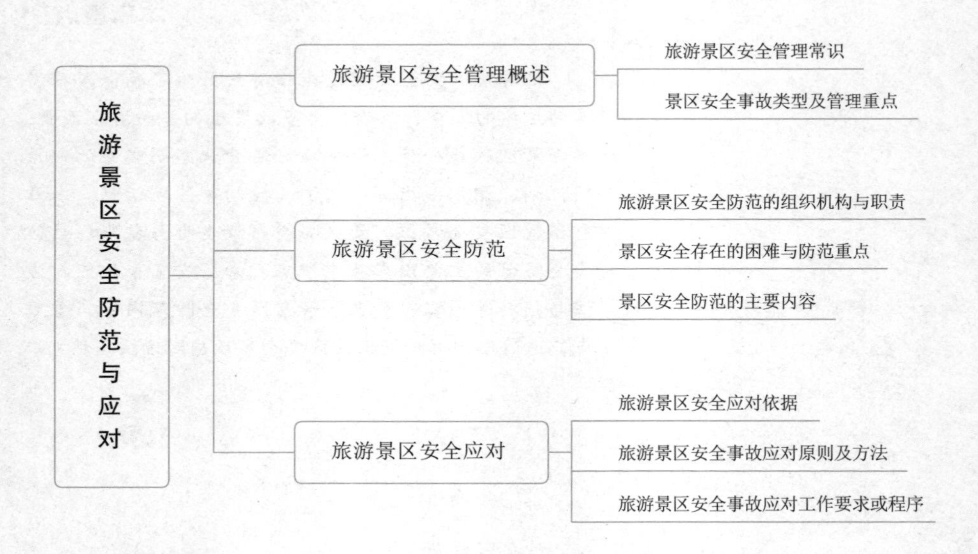

第一节　旅游景区安全管理概述

旅游景区是旅游活动的重要场所，其安全管理和安全事故的防范与应对处置历来是旅游活动各相关主体最关心重视的问题。本节阐述了旅游景区安全的概念，景区旅游安全事故与安全管理之间的关系，旅游景区安全管理的特点和类型及日常管理的重点。

一、旅游景区安全管理常识

（一）旅游安全与景区安全管理

安全是人们最基础的需求之一，是指各种事物对人、对物、对环境不产生危害的一种状态。简单而言，无危则安、无损则全。

旅游景区安全是旅游安全的重要组成部分，旅游景区安全管理也是旅游安全管理的重要内容之一。旅游景区安全管理涉及多方位、多维度，既包括防火安全管理、治安管理、自然灾害管理、环境安全管理，也包括景区内住宿设施设备、游乐及娱乐设施设备安全管理，还包括对游客、旅游从业人员在内的所有旅游活动参与者的安全管理。另外，健全完善的景区安全管理制度同样是景区安全管理的重要组成部分。

（二）安全事故与旅游景区安全事故

何为事故，可以这样理解："无任何先兆而发生的事件，多为不寻常之事，会引发意想不到的后果，一般事先都不知道其原因。"事故会对当事人产生不同程度的损害，这种损害可以是物质上的，也可以是精神的。安全和事故两者关系中，事故因素是本质、是核心，它决定着安全的属性及程度；安全是表现，它的程度的高低告诉我们事故发生的频率。对景区安全管理而言，对安全的管理实质上就是对事故的控制，如图 4-1、4-2 所示。

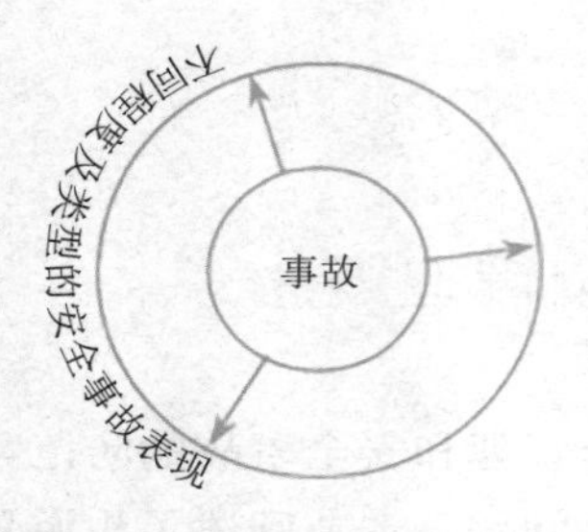

图 4-1　安全与事故关系

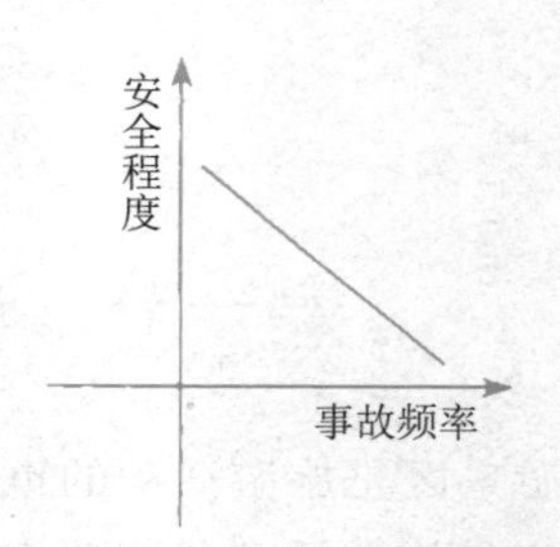

图 4-2　安全与事故呈反比关系

景区安全事故，是指在景区旅游活动过程中发生的涉及各相关主体人身、财产安全的事故。主要有自然灾害事故、旅游活动安全事故、设施设备安全事故、旅游活动各主体（主要指参与者）人身伤害事故、食物中毒安全事故以及治安类、动植物类安全事故等。本章所涉及的安全事故，范围主要限定在旅游景区内，即旅游活动各相关主体在景区旅游过程中发生的安全事故。

安全管理是景区管理的重中之重。安全管理是指以满足安全需求为目的所进行的有关计划、决策、组织和控制的所有活动的总称。

《中华人民共和国安全生产法》第 3 条规定：安全生产工作，坚持安全第一，预防为主、综合治理的方针"。我国现行法律法规对安全管理的要求可归纳为"五三三"，即："安全生产五同时""安全管理三不放过""安全建设三同时"。"五同时"是指生产组织者及领导者在计划、布置、检查、总结、评比生产的同时，计划、布置、检查、总结、评比安全工作。"三不放过"是指"责任不落实不放过""工作不到位不放过""问题不解决不放过"。"三同时"是指凡在我国境内新建、改建、扩建的基本建设项目（工程），其劳动安全卫生的主体工程必须"同时设计""同时施工""同时投入生产和使用"。

（三）景区安全管理的特点

1. 广泛性和复杂性

旅游者在景区中活动的流动性大，逗留时间短、客流量大、涉及面积广，安全事故表现形式多种多样。景区日常管理涉及治安、消防、交通、气候、游客与景区承载量、设施设备及环境隐患排查等众多因素，极其复杂。因此，安全管理范围广、难度高。

2. 专业性和全员性

景区安全管理涉及旅游者的食、住、行、游、购、娱各个环节，其中每个环节都需要专业人员进行安全管理。同时，由于景区安全工作的复杂性和广泛性，景区的所有员工都应该参与到安全服务与管理中来，全面预防安全事故的发生。

3. 关联性和重要性

景区不仅是一个地区的形象代表，更是一个国家对外宣传的窗口，景区安全问题的控制与管理的好坏，不仅直接影响到旅游者的生命、财产安全，还会影响到景区、旅游地的形象和经济政治安全，甚至影响到国家形象。

目前，大多数景区日常安全管理的工作方式为事后处理，即在事故发生后或正在发生时，由有关的管理人员赶往现场进行处理。这种事后处理的管理方式具有明显的滞后性，消极被动，不能有效降低景区安全事故的发生率，也不能适应要求相对较高的景区安全工作的需要。因此，必须建立以防为主、防控管相结合的景区安全管理模式。该模式由景区安全预警系统、景区安全控制系统和景区安全保障系统三部分构成，如图 4-3 所示。

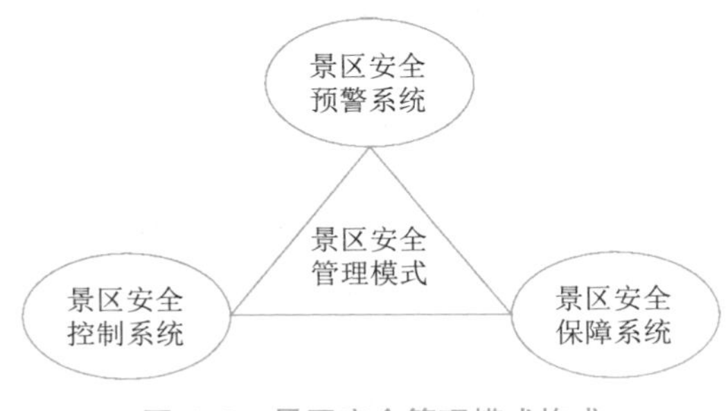

图 4-3　景区安全管理模式构成

二、景区安全事故类型及管理重点

（一）旅游景区安全事故类型

1. 根据安全事故的表现形式划分

按照景区安全事故表现形式，可以将景区安全事故划分为犯罪、交通事故、火灾（或爆炸）、突发自然灾害、疾病（或中毒）、景区娱乐项目、景区器械导致的事故和其他意外事故。

（1）犯罪。景区犯罪大体上可分为三类：第一类是侵犯公私财产类的犯罪；第二类是危害人身安全的犯罪；第三类是与毒品、赌博、淫秽有关的犯罪。侵犯公私财产类的犯罪数量最多，主要由于旅游者在旅游过程中游兴高，疏于防范，而且景区地形相对复杂，隐蔽性较强，作案范围广。

（2）交通事故。景区交通事故通常是指景区内机动车驾驶人员、行人、乘客，以及其他道路交通参与人员，因违反国家有关道路交通安全管理规定，而造成的人员伤亡或财产损失的事故，通常表现为景区干道、便道上发生的机动车、电瓶车、自行车、三轮车等与行人之间的交通事故。例如，台湾嘉义阿里山森林小火车于2011年4月27日中午行驶神木站至阿里山车站路标70千米处发生意外，截至当天晚间11时，事故已造成5名大陆旅游者罹难，百余名大陆旅游者不同程度受伤。其次则是发生在景区湖面、海面、溪流、码头等地方的水上交通安全事故；还有就是发生在高山、峡谷、岛屿、沙漠等地方建有缆车索道、观赏电梯、溜索等空中运载工具的交通安全事故。

（3）火灾（或爆炸）事故。旅游景区火灾事故主要是因人为因素而引发的各种火险事故。比如乱扔烟头、不安全取火用火导致火灾，也包括用电设施设备线路老化短路、雷击等各种意外情况引发的火灾。爆炸事故一般表现为景区不安全施工、天然气（煤气）泄露等出现的突发事故。

（4）自然灾害安全事故。这类事故在旅游景区事故中最为常见，在各类安全事故中占比较高。主要包括暴雨（洪涝）、泥石流（滑坡）、冰雪灾害、地震等，以及随之产生的次生灾害事故。

（5）疾病（食物中毒）安全事故。旅游者因水土不服、景区食品卫生不达标、相关经营者的违法违规经营，都可能导致此类安全事故的发生。加强监管、常备应急药物、做好应急管理与演练，是应对此类安全事故的重要环节。

（6）景区娱乐项目、器械类安全事故。近年来，景区娱乐项目向着交互式、体验式方向拓展，各类娱乐类项目发生安全事故的概率大大增加，其中因游乐设施设备故障导致的安全事故屡见不鲜。

（7）意外安全事故。其他意外安全事故包括旅游活动各相关主体意外受伤、走失等事故，较严重的意外事故还有被飞石击中、溺水、被野生动物攻击导致伤亡等。

<<< 案例 4-1 >>>

龙虎山：一查二帮三把关，把好水上安全关

龙虎山风景区位于江西鹰潭市区西南，道教文化发源地、丹霞山地貌、崖墓群是这里的三大特色。每年前来游玩的游客络绎不绝，2019年达2300万人次。

人力船、竹筏和皮划艇是游客在风景区游玩的主要交通工具。为保证泸溪河上18千米旅游水道的安全，景区通过“一查二帮三把关”，打造了“安全畅通”的景区水域。

“一查”是查游船、竹筏驾驶员上岗证。驾驶员上岗证是开船营运的通行证，没有上岗证一律不准驾船出航。

“二帮”是帮助培训船工、筏工。龙虎山风景区游船实行驾驶员上岗证制

度，在每年旅游高峰期上岗前，必须通过安全知识、技能操作和水上施救等培训，并完成驾驶员考试、审验、换证工作。

“三把关”是把好船、筏建造关。无论水浅水深，不合格的竹筏都不能参加营运，从源头把住了安全关。

【分析要点】

健全景区安全管理制度，强化景区安全管理主体责任，是确保旅游景区健康可持续发展的重要环节。

（资料来源：戴梅苓.青山绿水间的海事魂［N］.中国水运报，2006-07-31，有改写。）

2.根据责任承担方式划分

（1）旅游者为主要责任方的事故：因旅游者不遵守景区规定或追求刺激而发生的安全事故。

（2）景区为主要责任方的事故：因景区管理不善、监督不力而造成旅游者伤亡和景区损失的安全事故，如设施设备安全事故、食物中毒等。

（3）其他肇事者为主要责任方的事故：指除景区和旅游者外的第三方造成景区与旅游者死亡及损失的事故。

3.按危害程度划分

根据《旅游安全管理办法》（2016年12月1日，国家旅游局第41号令颁布）第三十九条规定，根据旅游突发事件的性质、危害程度、可控性以及造成或者可能造成的影响，旅游突发事件可划分为特别重大、重大、较大和一般四级。旅游景区安全事故同样适用该划分标准（详见第一章第二节），即特别重大安全事故、重大安全事故、较大安全事故和一般安全事故。

《《《案例4-2》》》

云南某景区的重大安全事故

2011年7月3日上午9时20分，在云南某景区，距离景区南门索道下站350米、索道东侧20米处，一棵老树由于连日大雨、土质疏松，翻根倒向索道方向，砸到从北门至南门运行的索道后，导致索道产生强大反弹将缆车上的5位游客掀翻并掉落地面，由于缆车距离地面高8米，导致1名女性游客死亡、包括2个小孩在内的3名游客受伤、1名游客受到重度惊吓。此外，还有10名游客受到轻度惊吓。

【案例分析】

事故发生后，相关部门组成了联合调查组对事故进行调查。事故定性为“自然灾害引发的意外事故”，不属于安全生产事故。“事发前当地连续下大雨，导致土质疏松，老树树根腐化，承受不了树冠的重量，便自然倒塌下来。”“事故的原因既不是机械故障，也不是运作期间人为操作不当，而完全是由于天气造成的自然灾害所引发，就像地震和雷击一样，是不可预计的。”此案例表明环境安全对景区安全管理的重要性，环境安全隐患可能会导致特大旅游景区安全事故。

（资料来源：李怀岩，新华网，2011-07-04，有改写。）

（二）安全管理工作方针与管理重点

安全是旅游景区管理的生命线。没有安全，景区旅游经营必然无法维系。2013年，国家颁布了《中华人民共和国旅游法》，国家文化和旅游部（含原国家旅游局）联合国务院有关部门，从1994年至今先后颁布了《旅游安全管理办法》《旅行社条例实施细则》《重特大旅游安全事故报告和处理制度》等一系列安全管理法规。

1. 旅游景区安全管理工作方针

为加强旅游景区安全管理工作，保障旅游活动中各相关主体的人身、财产安全，旅游景区安全管理必须遵循“安全第一，预防为主”的工作方针。

“安全第一”，体现在旅游活动的全过程。无论是旅游行政管理部门，还是旅游企业和经营单位或者旅游从业人员，都必须始终坚持把安全管理放在头等重要的地位，优先安排。

“预防为主”，是要求包括旅游行政管理部门、旅游企业和经营单位及其旅游从业人员在内，会同有关管理部门、旅游相关行业或旅游相关从业人员，采取积极有效的安全防范措施，从源头上消除各级各类安全隐患，及时防范和化解各类安全事故发生的可能性。

这一方针同样适用于旅游活动的另一重要主体——旅游者，全体旅游者应当牢固树立安全第一的理念。

2. 景区安全管理工作的重点

在影响景区安全管理的诸多要素中，以下四个方面值得我们重点关注。

（1）旅游环境

旅游环境应综合整个旅游景区的气候条件、旅游者容量及景区实际承接能力、经纬度地理环境条件、景区所处整体经济社会大环境等相关因素。

（2）管理机构与制度

建立专门的安全管理机构和完善的安全管理制度是景区安全管理的必备要件，其主要内容包括：安全管理岗位的设置与职责是否明确，是否配备专职的安全管理人员，是否开展安全隐患排查整治，是否开展常态化的安全宣传教育和应急救援演练等。

（3）安全意识

安全意识薄弱是景区安全事故的重要诱因。通过对相关案例的分析调查，在已发生的景区安全事故中，因为各旅游活动主体安全意识淡薄造成的事故占据较大的比例。安全管理的首要工作是对进入景区旅游的游客开展必要的、多种形式的安全宣传引导，同时常规性地开展景区管理、生产、经营单位及其从业人员安全意识教育。其次，利用多种渠道广泛开展全社会的公共安全防范理念提升，也十分必要。

（4）应急救援体系

完备的应急救援体系是确保景区安全管理的基础。主要包括设立专门的救援机构和专业的救援人员，配备实用的救援设施设备。实际工作中，各景区也可根据当地实际情况，开展与政府或社会专业应急救援机构的合作，形成联动的应急救援模式。

第二节　旅游景区安全防范

完善的安全管理制度是旅游景区安全管理的重要保证，健全的景区安全防范机制是确保旅游景区各相关主体合法权益和景区健康持续发展的必备条件。可以这样说，没有完善的旅游景区安全防范机制，旅游景区的安全管理将无所依托。

一、旅游景区安全防范的组织机构与职责

旅游景区安全管理主要职能部门，必须在国家和当地政府主管部门的领导下，加强景区安全管理，全面开展景区安全防范工作。

（一）国家和地方旅游行政主管部门安全防范机构

1. 文化和旅游部下设的市场管理司是国家层面的旅游安全主管机构，统

领全国旅游安全。

2. 地方各级旅游行政管理部门根据《中华人民共和国旅游法》和国家文化和旅游部相关规定，依照本地区《旅游管理条例》或《旅游管理实施办法》均应设立相应的旅游安全管理机构，确定旅游安全管理工作职责。各区、县旅游局必须设立旅游安全管理机构，并配备熟悉安全业务的专业干部。各级旅游行政管理部门依法保护旅游者的合法权益。

（二）旅游景区安全管理组织机构

根据《中华人民共和国旅游法》规定，旅游景区应设立专业（专门）的安全管理机构，专门管理旅游景区日常安全工作及事故处理工作。就大型旅游景区而言，在设立安全管理机构时，要考虑两种情况：一是与依托城镇相邻；二是远离依托城镇。

第一种情况下，旅游景区在设立安全管理机构时，可与当地城镇相关机构（如 110、120、消防、医院、海事、山地救援组织等）结合，这样更容易快速地建立起组织机构，还能减少景区在安全管理方面的投资。如果景区管委会与当地政府为同一机构，则会更容易将城镇的相关机构功能扩大至景区。第二种情况下，景区就必须建立完整的、独立的安全管理机构。在设立景区安全机构时要考虑景区现实情况，例如以自然资源为主的景区与以人文资源为主的景区在安全机构设置上的侧重点是不同的，前者应特别加强野外救援的配备，而后者则应加强消防及防盗巡逻等。常规的旅游景区安全机构设置如图 4-4 所示。

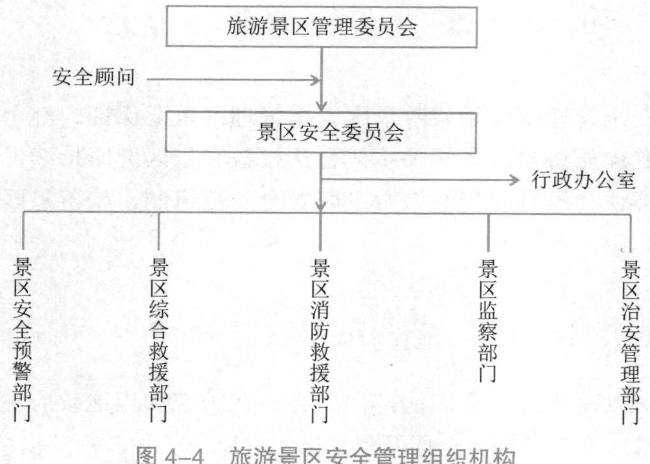

图 4-4　旅游景区安全管理组织机构

（三）旅游景区安全防范组织机构的职责

1. 国家文化和旅游部市场管理司是国家层面的旅游安全管理机关，其职能之一是旅游安全综合协调和监督管理。

2. 地方各级旅游行政管理部门在旅游安全管理工作方面的主要职责：

（1）贯彻执行上级与旅游安全有关的各项规章制度；

（2）制定本辖区旅游安全管理的规章制度，并组织实施；

（3）建立健全安全检查工作制度，指导、监督、检查本辖区各旅游部门旅游安全管理工作，发现问题及时整改；

（4）组织和实施本辖区的旅游安全教育和宣传工作；

（5）会同有关部门对辖区旅游企事业单位进行开业前的安全设施检查验收；

（6）对辖区的旅游安全工作进行通报或表彰；

（7）监督、检查有关旅游企事业单位，落实旅游者人身、财物的保险制度；

（8）建立旅游安全事故报告制度。对一般事故，每月上报一次。重大事故，接到通知后，在 24 小时内上报上级旅游主管部门；

（9）直接参与重大旅游事故处理工作；

（10）受理本辖区涉及旅游安全问题的投诉，并会同有关部门妥善处理；

（11）负责组织召开本辖区的旅游安全管理工作会议；

（12）组织交流旅游安全管理工作经验教训；

（13）协同公安、卫生、工商、园林等部门开展对旅游环境的整顿、治理工作；坚决制止向旅游者敲诈、勒索、强行兜售的不法行为；

（14）依靠当地政府协调本辖区旅游单位之间有关旅游安全方面的关系；

（15）负责旅游安全管理的其他事项。

3. 旅游景区安全管理组织机构的职责：

旅游景区安全管理组织机构是旅游安全工作的基层单位。其安全管理工作的职责是：

（1）设立安全管理机构，配备安全管理人员；

（2）建立安全规章制度，并组织实施，把安全管理的责任落实到每个部门、每个岗位、每个职工；

（3）接受当地旅游行政管理部门对旅游安全管理工作的行业管理和检查、监督；

（4）把安全教育和职工培训制度化、经常化，培养职工的安全意识，普及安全常识，提高安全技能；对新招聘的职工，必须经过安全培训，合格后才能上岗；

（5）新开业的旅游景区企事业单位，在开业前必须向当地旅游行政管理部门申请对安全设施设备、安全管理机构、安全规章制度的检查验收，检查验收不合格者，不得开业；

（6）坚持日常的安全检查工作，重点检查安全规章制度的落实情况和安全管理漏洞，及时消除安全隐患；

（7）对用于接待旅游者的汽车、旅船和其他设施，要定期进行维修和保养，使其始终处于良好的安全状况，在运营前进行全面的检查，严禁带故障运行；

（8）对旅游者的行李要有完备的交接手续，明确责任，防止损坏或丢失；

（9）在安排旅游团队的游览活动时，要认真考虑可能影响安全的诸项因素，制订周密的活动计划，并注意避免司乘人员处于过分疲劳状态；

（10）负责为旅游者投保；

（11）直接参与处理旅游活动中发生的安全事故，包括事故现场处理、善后处理及赔偿事项等；

（12）开展登山、汽车、狩猎、探险等特殊旅游项目时，要事先制定周密的安全保护预案和急救措施，重要团队需要按规定向有关部门审批。

二、景区安全存在的困难与防范重点

（一）旅游景区安全防范面临的困难

各旅游景区虽然在管理方面各具特色，但是在安全防范上都面临着诸多困难因素，主要表现在以下几个方面：

1. 旅游景区安全防范意识不强。虽然安全防范工作是景区安全管理的重要内容，但是许多景区做得不够细致。一些景区重生产轻安全，追求经济利润，没有处理好生产与安全、效益与安全、发展与安全的关系；一些景区应急救援体系不健全，机制不完善，突发事件的应急预案要么没有，要么可操作性不强，要么没有开展常规性演练；也有一些景区对安全教育和培训不重视，安全防范与安全宣传教育和培训工作不够普及、深入、细致和实用，这都会给景区安全管理留下隐患。

2. 不安全影响因素多。景区安全管理涉及游客的食、住、行、游、购、娱各个环节，其中每个环节的安全状况都会受到一系列因素的影响。如在游览这个环节，其安全状况除了会受到自然因素、人为操作因素的影响，还会受到游乐设施设备安全状况的影响，而空中、地面、水面等不同类型游览设施的安全状况又会受不同因素的影响。因此，景区中的不安全影响因素多且复杂。

3. 旅游者重视不够。近年来，一部分旅游者对自己的旅游活动场所的安全隐患了解不足，在游览活动中安全防范意识淡漠、麻痹大意，在没有做好充足准备的情况下，盲目活动甚至冒险行动，导致安全事故的发生。

4. 应急处置预案不完善和应急救援体制机制不健全。部分旅游景区轻视应急救援体系的建立，不制定应急救援工作方案和预案，没有完备的应急救援设施设备，没有定期开展专项应急救援演练。

（二）景区安全防范的重点

旅游景区的安全防范管理要真正体现“关注安全、关爱生命”，真正做到“安全第一、预防为主、综合治理”，尽可能减小因安全事故发生而造成的损失。如何有效做好景区安全管理工作，应主要抓住以下几个方面的工作：

1. 建立健全安全管理组织机构

安全管理是一种全员、全方位、全过程的管理，工作面比较大，任务琐碎而繁重，必须成立相应的组织机构，为安全管理提供组织上的保障。一般而言，由景区总经理或主要分管领导担任组织机构的主要负责人，各部门主要管理者为组织机构成员，实现分级管理，特种旅游或特殊岗位需要配备专业、专职的安全管理人员，并明确组织机构各成员的职权与责任，以此来组织、督导和推动景区安全管理工作。

2. 完善落实各项安全管理制度

为了使景区安全管理做到有章可循，避免“三随”（随机、随意、随便）处理，必须要通过各项安全管理制度来明确职责分工，规范各种安全行为，建立和维护安全管理秩序，做到事事有人做，件件有落实。制定安全管理制度时应注意：必须依据国家有关的法律法规，各项制度之间要衔接配套、科学合理、有可操作性、文字简练便于记忆，同时还要不断总结经验，根据环境变化而不断完善。

3. 加强安全教育培训工作

安全教育培训工作主要包括以下两个方面的内容。一是提高员工的安全意识，加强安全技能的培训。主要通过课堂讲授、现场示范、操作训练、经验分享等方式，不仅要让员工明白应该怎么做，不应该怎么做，做错了要受到什么处罚，更要让员工明白为什么要这样做，做好了有什么好处，做错了对自己有什么危害等，从而提高员工的安全管理意识，增强安全管理责任感，避免消极态度和抵触情绪。同时，通过培训掌握岗位工作所需的安全知识与操作技能，增强识别危险与自我保护的能力，提高事故预防与应急处理的能力，避免因忽视安全或无知而产生的不安全行为，减少因人为失误而导致的事故。二是在提供服务过程中，告知游客提高自身的安全意识和自我保护意识，了解相关的安全知识与保护措施，遵守有关的安全管理规定，防止其不安全行为导致事故，以及发生事故时能正确应变，懂得基本的自救方法，从而更好地保障其安全。例如：如实详细地告知旅游活动中存在的危险因素和相应的防范措施，个人防护和救生用具的正确使用方法，游乐活动的规则和安全注意事项，以及发生事故时的应急措施等。

4. 强化安全督导检查工作

通过岗位日常自检、管理人员日常巡查、定期综合检查、各项专门检查等形式，及时了解景区安全现状，及早发现事故隐患，以便及时采取整改措施，将危险消除在萌芽状态。根据安全管理的对象，旅游景区的安全检查工作主要包括三个方面的内容：一是检查物的状况是否安全，例如景区内旅游设备设施、安全设施、游乐场所以及旅游环境是否安全，安全标志和救生用具是否齐备、完好等；二是检查人的行为是否安全，例如是否有违章指挥、违章操作和违反安全制度的行为等；三是检查安全管理是否完善，例如是否设置了合理的安全管理机构，是否建立了完善的安全责任制度，是否配备了充足的安全器材等。相关人员在检查过程中，对发现的问题要提出具体整改意见，并跟踪整改情况，必要时根据有关规定对违反安全制度者给予批评，严重者依照制度给予处分。

5. 不断完善突发事件应急处置和救援体系

根据旅游景区的实际情况，针对可能出现的严重事件或重大的灾害风险等紧急情况，进行重点控制和防范，并制定专项事故应急处理预案，对其他一般危险源则进行日常安全管理控制。如制定发生火灾、山体滑坡或落石、交通意外，以及游乐项目、人群聚集场所、公共卫生等事故事件的应急处理预案，预案主要包括应急组织、成员职责、报告程序、启动机制、善后工作及事后总结与汇报等内容。景区管理者应根据预案，适时地进行应急救援演练，针对演练发现的问题进一步修改完善，确保在任何情况下都能迅速按照预案实施救援。

6. 健全事故应急响应机制

景区范围内一旦发生重特大安全事故、事件或灾害时，景区负责人应以最快的速度、最大的效能，及时启动应急响应机制，按照事先制定的各种应急预案，有序地实施应急救援行动，最大限度地减少人员伤亡和财产损失，把事故危害降低到最低程度。按“四不放过”（事故原因未查清、防范措施未落实、责任人未受到处理，有关人员未受到教育不放过）的原则，做好事故发生现场的保护工作，配合事故调查以及善后处理和事故赔偿等工作，以便维护旅游景区的持续稳定发展和正常的经营管理秩序。

总的来说，安全防范与应对是旅游景区日常管理工作中不可忽视的一个重要方面，是维护景区正常经营管理的有力保障。景区各相关部门应将安全管理作为一项常抓不懈的基础性工作，作为生存与发展的第一要素予以足够重视，努力营造人人要安全、人人懂安全、人人讲安全的企业安全管理氛围。

三、景区安全防范的主要内容

旅游安全管理工作是一项庞杂的系统工程，针对目前旅游安全管理工作中存在的突出问题，在持续抓好各项日常管理工作的基础上，重点要在安全防范上下功夫。首先，要高度重视旅游安全教育，让旅游活动各相关主体都树立起“没有安全就没有旅游”的意识，主动防范各类旅游安全事故的发生；其次，要不断加强提升旅游设施安全性能、强化旅游设施设备安全隐患排查；最后，要转变以往重视主动安全而忽视被动安全的做法，尽快建立与完善旅游安全应急处置机制，通过建立统一的旅游救援与处置中心，整合部门职能，加快反应速度，提高处置能力。各旅游景区情况不一，安全防范的侧重点和要求也不尽相同，一般而言，景区安全防范的主要内容如下：

（一）消防安全管理

消防安全是所有安全管理的重要组成部分，作为人员密集场所的旅游景区，更应重视消防安全管理工作。各旅游景区必须认真贯彻消防应急管理部门有关消防安全管理的各项规定，与上级部门签订防火安全责任书，对存在消防安全隐患的区域应配备足够的消防设施，并设专人巡视和养护，确保各项防火设施设备运转正常；对景区所有人员普及消防知识，开展经常性消防演练。属于消防安全重点单位的景区必须制定消防灭火与疏散应急预案，对于景区内属于省级以上文物保护单位的木结构古建筑等游览设施，在未经当地公安消防部门验收、审核的情况下不得开放，文物类的游览设施在日常维护、修缮时，应按规定设置专用消防疏散通道、隔火通道，配足灭火器材。

（二）治安管理

景区管理部门要在上级政法、公安、城建部门的指导下，会同当地公安机关、城管部门严厉打击各类侵害游客利益的违法犯罪活动，加强旅游活动区的巡逻防控，组织安防、联防队伍，增加巡逻力量，更新巡逻装备，加大巡逻密度，将游览区划分为若干个责任区，每个辖区以主要路段、村寨、码头为中心设岗布控，并安装报警设施，建立巡逻登记制。大型旅游景区可与公安派出所、区内社区联动设立警务室，对重点部位、治安事故高发地段实行不定时巡逻，延长巡逻时间、保障通信条件，必要时可使用卫星导航和电子监控；发现形迹可疑的人员或游客有不法行为应跟踪调查，及时制止；制定有效的安保预案，构建“群防群治”的长效防控体系，切实维护景区良好的治安秩序。此外，定期在区内开展法制宣传，对当地居民、经营者进行法制教育，帮助其树立法治意识、守法观念；景区导游在进行讲解时，应提醒游客注意自身安全保护。

图 4–5　在有一定安全隐患的地方设置警示标志

（三）自然灾害管理

景区安全管理部门要针对自然灾害给景区带来的破坏和对游客生命构成的威胁，与气象、水利、防汛、国土、林业、农业、建设等部门密切合作，搞好景区监控和旅游警示工作，设置警示标志、制定针对突发性灾害的应急措施；确定排洪防涝标准，搞好水土保持和小流域治理，建筑塘坝沟渠，留有水利设施进行水量调节，预留泄洪通道、疏通淤塞河道；雨季来临前加固防汛设施；保证旅游景区交通沿线的植被覆盖率；对易发生灾害的区域设置防护设施、加固原有设施或封闭，条件成熟时可以运用工程治理与生物治理相结合的模式；加大宣传力度，普及防灾减灾知识。

（四）环境安全管理

景区安全管理部门要有计划和有针对性地对可能存在安全隐患区域进行专项监测；研究危害发生的特性和规律，邀请专家，有针对性地调查、追踪、排查等；设立警示标志宣传告示；增设和加固防护设施；控制游客数量；设置符合紧急疏散需要且标志明显的出口、通道，并保持其畅通；配备消防、通信、广播、照明等应急设施和器材，并保证其正常使用；禁止存放易燃、剧毒、强腐蚀性和放射性的危险物品；搞好环境卫生建设；景区游览路线附近有在建施工项目，要协助做好施工现场的监护工作；对景区旅游者分发环境安全常识小册子，提高游客自我保护意识和自救能力。

（五）游乐场所安全管理

2011 年 11 月，国家质量监督检验检疫总局发布了《大型游乐设施的安全管理》，要求旅游景区管理部门应会同旅游、质监、文化、建设、林业等行政部门定期对游乐场所、动物娱乐表演场所的设施设备开展检查，对检查中发现的问题提出整改意见并进行有效督促。游乐场所要针对惊险刺激型的游乐设备进行必要的保养和检修，或请有资质的部门（或鉴定机构）进行安全检测与鉴定，保障设备的良好运行；对动物娱乐表演的相关人员和场地进行安全认定；定期开展对设备操作人员的安全技术培训，保证从业人员上岗安全操作，掌握安全操作技能；规范设备安全警示、安全引导用语的使用，告知游客正确使用设备，并明确双方当事人的责任，尤其是经营者的责任，不可将责任强加给游客。

案例 4-3

伤心的大峡谷

某年 10 月 3 日，国庆放假之际，广西三家旅行社组织的游客聚集在某景区峡谷谷底唯一的缆车乘坐点，等待乘坐缆车去山顶吃午饭，然后还要去漂流，200 多名游客乱成一片。11 时 10 分，一阵难以想象的拥挤后，面积仅有五平方米的缆车厢，竟满载了 35 名乘客。缆车开始缓慢上升，10 多分钟后到达山顶平台停了下来。工作人员走过来，打开了缆车小门，准备让车厢的人走出来。就在这一瞬间，缆车不可思议地慢慢往下滑去。有人惊叫起来："缆车失控了！"风景区工作人员宋某正在平台旁吃饭，见此情形大吃一惊，立即跑进操作室猛按上行键，但按键已失灵。他又想用紧急制动，却仍然无效，不得已拉下电源开关，以为可以让缆车停下来，但是缆车还是在下滑。缓缓滑行了 30 米后，缆车便箭一般地向山下坠去，一声巨响后重重地撞在 110 米下的水泥地面上，断裂的缆绳在山间四处飞舞……

当地政府接到报告后，紧急动员，组织了 200 名军人和地方医务人员赶到现场抢救。由于缺少担架等物品，人们只好折断周围树枝、拆下门板做成简易担架，再从陡峭、狭窄的羊肠小道上把手脚骨折的死伤者抬到山顶。在事发当时，因人们善良而又无序的拉扯和抢救，导致5人当场停止了呼吸，在送往医院的途中又有2人死去。在10月3日至5日的抢救中，先后又有7人在医院的床上闭上了双眼，而其余21人全部重伤或轻伤，不得不住院治疗。

【分析要点】

该起特大旅游景区安全事故发生后，由于当时国内旅游法规还不完善，没有相关具体规定可依，造成事故的后续处理极为困难。该景区相关管理和经营单位严重忽视景区安全管理制度和防范应对体制机制建设，更没有建立突发事故应对预案，血的教训惨痛深刻。

（资料来源；吴贵明、王瑜，《旅游景区安全案例》，1版，104~105页，上海：上海财经大学出版社，2008年，有改写。）

（六）景区购物设施安全管理

景区内的购物场所，包括各类大中型纪念品商场、大型综合购物中心、土特产批发市场、购物街、购物城等，应建立消防、治安、环境安全管理制度、配备安全指示标志、消防器材、报警装置、防盗装置、照明应急系统、寻人广播系统等，设置安全疏散通道、安全救护设施、增加安防岗位、定时巡查、定期开展从业人员安全救援与逃生演练。

第三节　旅游景区安全应对

旅游景区一旦发生安全事故，往往会造成人员伤亡和巨大的经济损失，同时还会带来较大的社会负面影响。本节主要阐述景区安全应对法律法规依据、景区安全保障体系的建立、景区安全事故应对的程序、方法、流程等内容。

一、旅游景区安全应对依据

（一）国家法律法规

国家层面适用于景区安全管理的法律法规主要有：《中华人民共和国治

安管理处罚法》《中华人民共和国旅游法》《中华人民共和国道路交通安全法》《中华人民共和国文物保护法》《中华人民共和国消防法》《重大旅游安全事故报告制度试行办法》《重大旅游安全事故处理程序试行办法》《旅游安全管理暂行办法实施细则》《关于加强旅游涉外饭店安全管理严防恶性案件发生的通知》《旅馆业治安管理办法》《公共娱乐场所消防安全管理规定》《旅行社办理旅游意外保险暂行规定》《漂流旅游安全管理暂行办法》《旅游投诉暂行规定》《游乐园（场）安全和服务质量》《旅游规划通则》《旅游区（点）质量等级的划分与评定》《风景名胜区规划规范》《客运架空索道安全规范》等。

国家层面关于旅游安全管理的相关法律法规是景区安全管理工作的根本依据，景区安全管理的各项制度、规定都要以此为依据。

（二）地方各级政府颁布的相关法规规定

除上述国家发布的相关法律、法规外，各级地方政府或旅游行政主管部门会同有关部门也建立了一些专门的旅游安全管理规章制度。例如，四川省发布的《四川省旅游条例》和《四川省旅游市场综合治理方案》以及《四川省风景名胜区管理条例》、福建省发布的《福建省旅游条例》、上海市发布的《关于加强国庆安全保卫工作的通知》、广东省发布的《广东省风景名胜区条例》《关于春节期间加强旅游安全工作的紧急通知》、安徽省发布的《关于加强假期旅游安全工作的紧急通知》、陕西省发布的《关于加强旅游安全生产工作的通知》、浙江省发布的《关于加强海外旅游者人身安全工作的通知》、贵州省发布的《关于加强对漂流安全管理的通知》等。这些法律、法规涉及旅游安全管理的各个方面，形成了一套较完整的旅游安全管理法律体系。各旅游景区根据自身实际制定的相关安全管理制度、规定，是景区安全管理的必要补充。

（三）景区安全管理体系

景区安全管理体系是旅游景区规范化管理的必备条件和安全管理的保障。旅游景区安全管理体系的建设主要包括七个方面的内容。

1. 景区安全管理机构

景区应设立专门性的安全管理机构，负责景区日常安全管理工作和景区安全的防范、控制、管理和指挥工作。如设立安全保卫管理委员会（以下简称安保委），直属景区最高管理层。安保委下设安保委办公室，与“安全管理处”合署办公。安保委和“安全管理处”下设景区安全顾问组、教育组、计划与发展组、监察执行组、旅游监察大队等。

2. 景区安全管理制度

景区安全管理制度是在国家相关法规条例指导下，为保证景区员工和旅游者人身与财产安全所制定的符合景区安全管理实际情况的章程、程序、办法和措施，是景区安全管理必须遵守的规范和准则。主要包括安全岗位责任制、领导责任制、重要岗位安全责任制、安全管理工作制度、经济责任制等。

3. 景区安全保障体系

景区安全保障体系由政策法规系统、安全预警系统、安全控制系统、安全救援系统、旅游保险系统组成。政策法规系统是全局性的保障和管理依据，安全预警系统和安全控制系统属于事前预防与事中监管体系，旅游保险系统属于事后补偿体系，而安全救援系统则是事中采取积极措施的重要环节。各具体系统的建立是旅游景区安全事故应对的重要保障。

4. 景区安全标志系统

景区安全标志系统由景区安全标志和消防安全标志两个子系统组成。景区安全标志是由安全色、几何图形或文字、图形符号构成的，用以表达特定安全信息的标记，其作用是引起人们对不安全因素的注意，预防发生事故。根据国标 GB2894—1996《中华人民共和国安全标志》，安全标志分为禁止标志、警告标志、指令标志和提示标志四类。

消防安全标志是用以表达与消防有关的安全信息的标志，由安全色、边框、以图像为主的图形符号或方案构成。我国的消防安全标志和世界上大多数国家一样，是由红、黄、绿、黑、白五种颜色组成的。消防设备和表示禁止的标志用红色作背底颜色；具有火灾爆炸危险的地点和物体的标志用黄色作背底颜色；用于火灾时疏散途径的安全标志为绿色；文字和图形的辅助标志采用黑色和白色。

5. 景区信息管理系统

景区旅游安全事故有很强的不可预见性。及时、准确的预警信息将有利于缓解和减少经济损失与对游客生命财产的威胁。景区信息管理系统主要由天气预报信息、环境污染信息和旅游容量信息等三个子系统构成，每个子系统都应有旅游安全信息的搜集、信息的分析、对策的制定和信息的发布四个职能。景区信息管理系统中各项功能的实现都以信息为支撑，信息的转换、更新、传输为系统的正常运行提供必要保障。

案例 4-4

丝路智旅携手天鹅湖景区，建智慧旅游

西安丝路智旅携手天鹅湖景区，共建智慧旅游，采用智慧景区综合管理系统软件，西安丝路智旅为天鹅湖景区配置的主要设备是三辊闸（全自动）、摆闸（全自动）、扫描枪、身份证阅读器、新北洋 6200 条码、二维码打印机、无线检票手持机；闸机与扫描、阅读、检票设备同步工作，具有防冲撞、伸缩臂同步、自动复位等功能，也可以通过管理计算机实现远程控制与管理，规范售票、检票过程，提高工作效率，提升景区管理水平和形象；超级自助机杜绝假票、倒票等不良行为给景区带来的经济损失，维护景区的利益；发挥计算机管理的优势，及时、完整、准确地提供各项与票务相关的查询统计数据，为日常景区管理提供准确详细的数据，为景区工作人员科学化管理提供有力支持。能够提升景区收益、降低运营成本、提升竞争力；能够帮助游客降低旅游成本，实现合理消费，提升旅游体验，享受优质服务，进而提升天鹅湖景区的吸引力、影响力和竞争力。

【分析要点】

借助现代科技，实现旅游 2.0+ 的智慧旅游，既是提升旅游美感体验，更是打造智慧型旅游景区安全管理的先导，丝路智旅为全新的旅游景区安全管理提供了可贵探索。

（资料来源：丝路智旅经典案例，西安丝路智旅官网，2017-11，有改写。）

6. 景区安全预警系统

景区安全预警系统主要有自然灾害预警、环境污染预警、环境容量预警等。景区安全预警系统的建立和正常运行在安全应对中发挥着重大作用，一是对可能发生事故及灾害的区域提前发出预警信息，防止或避免其发生；二是对已经发生的事故发布报警信息，减少事故损失，保护人民生命财产安全，控制事态的进一步扩大。

《《《 案例 4-5 》》》

九华山风景区开通气象与安全预警信息服务

九华山风景区气象管理处与九华山风景区管委会办公室和中国移动池州公司已正式签署合作协议，由安徽省气象局出资开通九华山地区气象与安全预警信息小区手机短信服务业务，将进一步依托当地旅游气象信息发布平台，及时发布包括九华山风景区欢迎词、日常天气预报、气象灾害预警、森林防火、防洪、临时交通管制等实用信息。省外移动客户步入九华山下即可收到上述信息内容。此外，气象灾害预警信息及其他紧急预警信息发送对象也将扩大至九华山风景区内所有移动客户。此举对有效防御气象灾害、提升风景区美誉度、保障旅游秩序和旅行安全具有重要的意义。与此同时，气象与安全预警等服务信息也将为广大中外游客在游览九华山美景时增添一份新的温馨与快乐。

【分析要点】

九华山地区气象与安全预警信息的建成与使用，将九华山景区的天气预报预警、地质灾害预警及实时雨情、汛情、森林火险等级等各类安全隐患和灾情信息，通过智能终端（网络平台、手机、广播等）及时通报和预警，最大限度降低可能引发的安全事故，助力旅游景区安全管理。

（资料来源：搜狐网，2009-03-11，有改写。）

7. 景区应急救援系统

应急救援系统是对突发性风险事件作出快速反应和果断处置的系统。景区应急救援系统包括核心机构、救援机构、外围机构，主要是由旅游接待单位、旅游救援中心、保险、医疗、公安、武警、消防、通信、交通等多部门、多人员参与的社会联动系统。一个完善的旅游应急救援系统，不仅能最大限度地保障旅游者的安全，更能保证景区的可持续、稳定发展。

《《《 案例 4-6 》》》

黄山建应急救援“飞虎队”覆盖景区周边 400 千米

黄山风景区将组建国家旅游应急救援黄山队，直升机能随时起降，对 400 千米范围内的国家重点景区进行旅游应急救援。该救援专业队的设施投入需

3.01 亿元资金。不过，这些设施将由国家安监总局无偿提供，其中就包括了直升机等各类重大救援设备。黄山景区每年有大量旅游应急救援需求，该景区也拥有救援等各类队伍 9 支。根据相关要求，国家旅游应急救援黄山队将以黄山景区现有救援资源为基础，配以安监总局提供的各类专业救援设施，形成能进行远程和就地旅游应急救援的专业型旅游应急救援队。救援队建成后，黄山景区内发生重特大事故后，救援人员携装备在 6~10 小时内须到达事故现场。该救援队还将与周边 400 千米范围内的其他国家 5A 级景区旅游救援队伍签订合作协议，接到救援通报后，能迅速反应。

【分析要点】

黄山风景区国家旅游应急救援黄山队建立后，黄山景区内一旦发生重特大事故后，不仅该支队伍能快速反应，景区周边 400 千米范围内的其他专业营救救援力量也能迅速提供支援，极大提高了景区安全事故的快速处置能力，也有效整合利用社会优质资源，为旅游景区安全管理和安全事故快速有效处置树立了榜样。

（资料来源；新浪安徽网，2012-08-16，有改写。）

二、旅游景区安全事故应对原则及方法

旅游景区安全事故的发生受多种因素的影响，其突发性和客观性尤其突出，但景区安全事故并不是完全不可预见和不可避免。在景区日常安全管理中，始终坚持“安全第一、预防为主”的工作方针，同时做好安全隐患排查整治，健全应急处置机制并开展常态化应急应对演练，这些都能在最大限度内减少安全事故发生的概率并降低安全事故带来的损害。

（一）景区安全事故应对基本原则

1.“人身安全第一”原则

一旦发生景区安全事故，首要保护目标是人身安全，尤其是游客的人身安全。

2.“处事不慌”和“坚决果断”原则

事故发生后，相关各方均应保持冷静，沉着冷静和坚决果断地按照应急预案开展应急处置，力争将事故损失降到最低。

3.“及时报告”和“妥善处置”原则

景区安全事故发生后，在开展应急救援的同时，应立即如实、客观、全面地将事故情况报告给相关部门和领导。按照预案开展处置过程中，应积极稳妥地协调各方关系，使事故的处置圆满成功。

4.“以法律法规为准绳”原则

前述有关国家和地方各级关于旅游安全管理的法律法规是景区安全事故应对处置的重要依据，切不可自行随意而为，更不能感情用事。

（二）景区常见安全事故应对的一般方法

1. 盗窃事故处理

（1）查明事发经过，了解情况，采取切实有效的措施保护现场。

（2）及时拨打 110 报案，确定调查范围。盗窃案现场勘验重点是：第一，现场进出口的勘查，因现场进出口是犯罪分子的必经之地；第二，被盗财物场所勘查，被盗财物场所是犯罪分子活动的中心部位，往往会留下犯罪痕迹；第三，现场周围的勘查，主要是为了发现犯罪分子去现场的路线和作案前后停留的场所有无痕迹、遗留物及交通运输工具痕迹等。

（3）分析判断案情，确定嫌疑人。经过勘查分析，判断案情，如果不是外部来人作案，即可在划定范围内，通过调查访问发现嫌疑人。

2. 人身安全事故处理

因爆炸、暗杀、抢劫、绑架等暴力造成人身伤害的案件发生后，安全管理人员应迅速赶赴现场，组织人员对伤员进行抢救护理；保护现场，注意收集整理遗留物和可疑物品，保管好受害者的财物；组织力量协助警方破案。此外，还应注意以下三点：

（1）案发后，应立即挡获或者协助公安机关抓捕尚未逃走的犯罪嫌疑人。

（2）行动迅速，不失时机，不给犯罪嫌疑人以喘息的机会。

（3）围堵带有凶器甚至枪支、爆炸物品的犯罪嫌疑人时，要在确保自身安全的前提下谨慎开展，切不可贸然行事。

3. 火灾事故处理

组织灭火。具体包括以下四点：（1）火灾发生所在部位（门）工作人员应立即拨打 119 报警，讲清失火的准确部位及火势大小；同时应立即报告安全管理负责人，发出报警信号；播放录音，指示防火楼梯方向，督促客人离开着火现场。

（2）景区主要负责人、安全管理人员组织救火及疏散。

（3）保护火灾现场，协助消防部门迅速查明起火原因。

（4）积极抢救伤病员。

4. 食物中毒事故处理

（1）迅速拨打120求救，同时搜集有关食品、餐具、用具及呕吐物。

（2）了解现场情况，访问事主或相关知情人员。

（3）发现和收集各种痕迹。如中毒者已被送往医院，要向医务人员了解中毒者的症状和抢救过程。

（4）抢救病人的同时，与医护人员配合，调查发生中毒的原因。

（5）食物中毒处理过程中，应成立临时指挥部，负责整个抢救工作。

三、旅游景区安全事故应对工作要求或程序

（一）旅游景区安全事故处理的基本要求

1. 组织抢险抢救，保护好事故现场。

2. 第一时间报告，协助相关部门及时处置。

3. 总结反思事故教训，改进提升防范水平。

（二）旅游景区安全事故应对的工作程序

1. 景区安全事故应对程序

旅游景区采取措施应对安全事故，应与安全事故可能造成危害的性质、程度和范围相适应。坚持旅游活动各相关主体“安全至上”的原则，保护游客、从业人员及其他相关人员生命安全和财产安全，尽量避免或减少损失。对常见的景区安全事故，可采取如下工作程序：

（1）旅游景区应根据安全事故的性质和可能造成的危害，及时启动安全应急预案。

（2）按照预案快速有效开展应急救援处置。应急救援人员应严格按照预案施救，未经总指挥批准，不得擅自改变援救预案。抢险救援中，总指挥有紧急调用物资、设备、人员和场地的权力。所有参加应急处置人员要始终牢记，重大安全事故抢险救援既是义务更是责任。

（3）旅游景区应在第一时间向游客和员工发布有关采取特定措施避免或者减轻危害的建议、劝告，组织营救和救治受伤人员，转移死亡人员，转移、疏散、撤离易受突发事件危害的游客，转移景区的重要财产和重要资料。

（4）旅游景区应迅速控制危险源，标明危险区域，封锁危险场所，划定警戒区，控制或者限制容易导致危害扩大的生产经营活动。

（5）旅游景区应实施应急沟通计划和公共关系处理流程，与游客、员工、上级主管单位、相关政府部门及机构、新闻媒体和社区公众等进行有效的信息沟通工作。

（6）相关政府部门或者机构介入突发安全事故的应急处置与救援工作时，景区应听从统一的指挥和安排，主动配合应急救援工作，协助维护正常秩序。

（7）突发事件的威胁和危害得到控制或者消除后，景区应采取或者继续实施必要措施，防止突发事件的次生、衍生事件发生或者重新引发安全事故。

（8）突发事件应急处置工作结束后，景区应实施各种救助、补偿、抚慰、安置等善后工作，妥善解决因处置突发事件引发的矛盾和纠纷，尽快恢复正常经营管理秩序。

（9）旅游景区应对突发事件造成的损失进行评估，查明突发事件的发生原因和经过，总结突发事件应急处置工作的经验教训，制定改进措施。

（10）事件发生后的新闻发布，须经总指挥批准。新闻发布须根据景区应急处置指挥部统一口径进行。

2. 景区安全事故处置一般流程

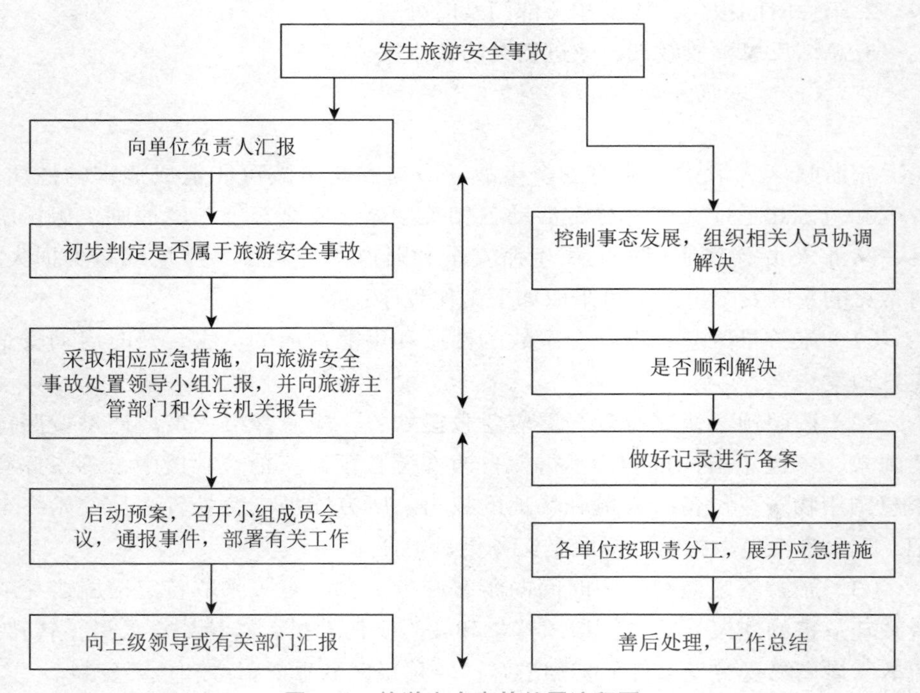

图 4–6　旅游安全事故处置流程图

本章小结

旅游景区安全管理无小事，正确开展景区安全制度体系和安全防范体系建设，不仅事关景区自身的健康可持续发展，还对景区及周边乃至全国的经济效益、社会形象产生影响。一旦发生景区安全事故，快速、科学、有效的应急救援和妥善处置，把事故带来的损失降到最低，是旅游景区安全应对的首要目标。总之，“预防为主，安全第一”的理念始终是旅游景区安全管理的第一要务。

思考与练习

一、练一练

1. 景区安全管理的实质是（　　）。

A. 游客的安全意识　　B. 景区安全设施完善

C. 对安全事故的有效控制　　D. 行业主管部门的重视

2. 某年，某景区因极端天气发生泥石流，导致 150 余名旅游者滞留景区长达 30 多小时无法离开，根据旅游景区安全事故划分标准，该事件应确定为（　　）安全事故。

A. 特别重大　　B. 较大　　C. 重大　　D. 一般

3. 景区安全管理的工作重点不包括（　　）。

A. 安全意识　　B. 安全管理制度

C. 旅游环境安全　　D. 完整的游览设施

4. 以下属于地方各级旅游行政管理部门的旅游安全管理工作职责的是（　　）。

A. 直接参与重大旅游事故处理工作

B. 设立安全管理机构，配备安全管理人员

C. 建立安全规章制度，并组织实施

D. 建立安全管理制度，将安全管理的责任落实到每个部门、每个岗位、每个职工

5. 以下不属于旅游景区安全保障体系的是（　　）。

A. 景区安全管理机构　　B. 景区安全管理制度

C. 景区安全预警系统　　D. 景区游客信息登记系统

二、安全小课堂

参考答案

1. 景区安全管理有怎样的特点？
2. 景区安全事故按照危害程度分为哪几类？
3. 旅游景区安全防范的重点难点有哪些？
4. 如何有效整合旅游景区安全事故应急救援力量？
5. 旅游景区日常安全管理的主要内容有哪些？

参考文献

[1] 王少华，藏思主编 . 旅游景区安全（第一版）[M]. 吉林出版集团股份有限公司，2020.12.

[2] 钟明喜，罗静珊主编 . 现代旅游理论与实践（第一版）[M]. 云南人民出版社，1990.10.

[3] 杨宁，沈博 . 浅谈旅游景区安全管理 [J]. 维普网，2015.08.

第五章

旅游购物安全防范与应对

本章重点

旅游购物是当前及未来旅游消费领域中发展空间和潜力最大的环节，但购物活动往往受多种因素的共同影响，较易发生安全事故。本章从保障旅游购物安全的角度出发，着重阐述旅游购物安全的影响因素及常见的旅游购物安全事故防范与应对。

学习要求

掌握旅游购物安全事故的主要原因和常见的旅游购物安全事故类型；理解旅游购物安全防范的主要措施；掌握常见的旅游购物安全事故应对及旅游投诉的处理程序。

本章思维导图

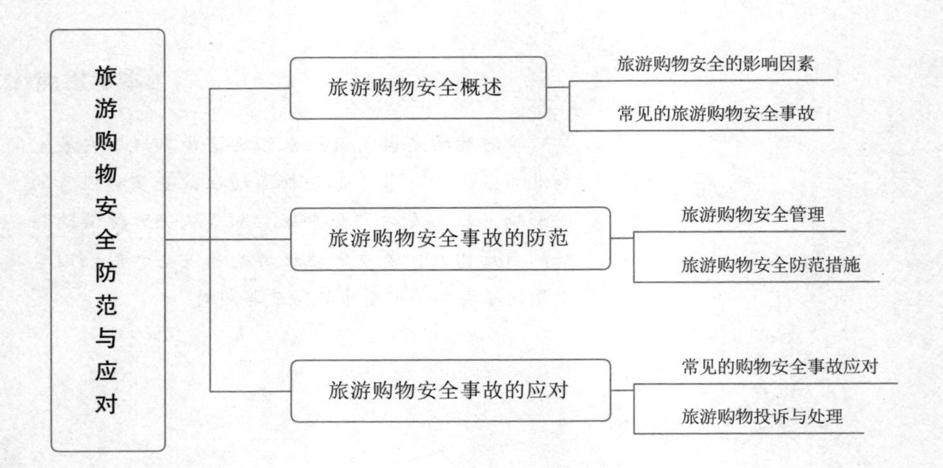

第一节　旅游购物安全概述

旅游购物是旅游者在旅游活动中对旅游商品的购买行为。它是旅游者自主消费意愿的选择，其金额可多可少，可高可低，但对旅游目的地而言，却是当地旅游收入的重要组成部分。长期以来，世界上旅游业发达的国家和地区都十分重视发展旅游购物，以期获得更多的旅游收入。

中国旅游业起步较晚，旅游购物在旅游消费中所占的比重一直低于其他旅游业发达国家。但随着中国旅游业的飞速发展，各地区开始逐渐重视旅游购物的重要经济贡献。《国务院关于促进旅游业改革发展的若干意见》曾明确提出：扩大旅游购物消费，促进旅游购物发展。根据国家统计局发布的统计数据显示，2018 年旅游及相关产业增加值为 41478 亿元，占国内生产总值（GDP）的比重为 4.51%，旅游购物增加值为 13005 亿元，占全部旅游及相关产业比重为 31.4%。[①] 可见，旅游购物极具发展潜力，是推动地区旅游经济发展的重要力量。

旅游购物的进一步发展不仅有赖于国家对旅游业的重视和支持，还需要稳定安全的发展环境。旅游购物安全就是旅游者与旅游经营者在商品买卖过程中人身、财物、心理所处的不受外界干扰和威胁的相对稳定的自然状态。然而，由于旅游购物涉及的人员及商品较多，管理难度大等原因，在经营者逐利行为的影响下，逐渐暴露出一些矛盾和问题，如“导游诱骗”“强制购物”“市场监管不完善”“游客信用卡被盗刷”等等。这些在旅游商品交易过程中所发生的干扰，或威胁买卖双方人身、财物、心理的事件和现象，就是旅游购物安全事故。这些安全事故严重影响着旅游经营市场的正常秩序和旅游者的旅游体验，也严重影响着目的地的旅游形象，影响着当地旅游业的长远发展。

因此，深入研究影响旅游购物安全的各类因素，有助于我们全面认识旅游购物安全事故，积极防范各类安全事故的发生，并且能在相关安全事故发生后，寻找到正确有效的应对之策。

① 相关数据资料来源于央视网——国家统计局：2018年全国旅游及相关产业增加值为41478 亿元。

一、旅游购物安全的影响因素

旅游购物是一种复杂的社会行为，不仅与旅游商品交易双方——旅游者、经营者相关，还与导游、市场运营氛围、治安状况等其他因素有千丝万缕的联系。影响旅游购物安全的因素主要包括以下三个方面。

（一）人的因素

经营者、旅游者是购物活动的买卖双方，导游是连接二者的纽带，这些角色都是影响购物安全的重要内容。

1. 经营者

旅游购物的经营者范围较广，既包括旅游购物品定点商店，也包括各类旅游商品经销商，甚至包括众多活跃在景点的旅游小商品流动摊贩。作为旅游商品的卖方，旅游经营者为了追求经济利益的最大化，可能存在违背市场运行规则，采取不正当的经营手段，如销售假冒伪劣商品、以次充好真假参半销售、强买强卖、哄抬物价、垄断经营等。这些不正当经营手段，都是处心积虑为旅游者“挖坑”，是购物安全事故的潜在隐患。

图 5–1　饰品商店是旅游购物安全事件的高发区

2. 旅游者

旅游者的心理特征多种多样，购买时的心理状态也不尽相同。旅游者的这些心理因素会对其购买决策和购买后的行为产生不同程度的影响。如：气质类型表现为胆汁质的旅游者往往是冲动型购买者，他们在购物时经常会盲目跟风，“别人买啥我买啥，别人说啥好我买啥”，但购买后可能会发现自己并不需要。由于购买时太过冲动，可能随后会想办法要求退货，由此引发购物矛盾，产生购物安全事故。还有个别旅游者可能会存在贪小便宜或占便宜的心理，产生偷盗他人或经营者财物的行为，造成购物安全事故。

3. 导游

在包价团队旅游中，导游是整个团队的领导者。旅游者的购物场所、购物时间，甚至购物次数多由导游一方来决定。在自助旅游活动中，也需要导游设计行程路线、陪同游览讲解，丰富旅游者的游览体验。显然，导游对旅游目的地的熟悉程度远大于旅游者，这种自然形成的信息优势，对身处异地的旅游者而言，构成了信息不对等的威胁，使旅游者处在心理的不稳定状态中。

现实生活中，导游胁迫游客购物、安排额外购物活动、收取回扣等购物安全事故的案例不胜枚举，这也说明导游是影响旅游购物安全的重要因素。

案例 5-1

导游口中“货真价实”的假翡翠

2018 年 8 月 23 日，旅游执法部门接到了湖南株洲市李某的投诉。李某称 2018 年 7 月 12 日中午，在其参加的云南旅游团导游的带领下，来到 L 县某购物点，导游再三向游客宣称该购物点所销售的商品货真价实，绝无假货，在购买一个月内不满意或发现有假冒伪劣商品可以无条件退换。商场销售人员也一再保证，所售商品绝对是天然的 A 货翡翠，有鉴定证书和正规发票。在他们的诱导及保证下，李某放心地购买了一只价值 2 万元的翡翠手镯。回到家后，经当地权威机构鉴定，发现所购翡翠手镯为假冒商品，故向消费者协会投诉，要求导游与经营者退货并赔偿。

【分析要点】

本案例是典型的导游欺骗、诱导游客购物引发的安全事故。

存在问题：①经营者串通导游欺骗游客消费；②经营者虚假宣传，出售假冒伪劣商品。

处理建议：①导游欺诈旅游者：根据《旅游法》《旅行社条例》《导游人员管理条例》的有关规定，导游人员欺骗、胁迫游客购物的，没收违法所得，处 2000 元以上 2 万元以下罚款，并暂扣或者吊销导游证；对旅行社，由旅游行政管理部门责令改正，没收违法所得，处 1 万以上 5 万元以下罚款，并应负责挽回或者赔偿旅游者的直接经济损失。②经营者出售假冒伪劣商品的，依据《消费者权益保护法》《旅游法》的规定，应当按照消费者的要求增加赔偿其受到的损失，增加的金额为其购买商品价格的3倍。

（本案例改编自李柏槐、石应平《旅游法律法规与典型案例汇编》典型案例31：导游诱导旅游者购物）

（二）物的因素

在旅游购物安全的影响因素中，物的因素主要指交易对象——旅游商品。旅游商品是旅游者在旅游目的地购买的具有纪念性、有文化内涵的有形商品。旅游者看重的是其文化价值——那些具有浓郁地方特色、历史文化价值的旅游商品往往更受旅游者的青睐。然而旅游商品的购买价格并不是一成不变的，往往会随购买时间、购买场所及购买对象的不同产生波动，加之某些商品独特的自然属性（如自身容易损坏、变质或有特殊运输要求的属性）导致其购买价值大打折扣。这种购买价格的变化与旅游者感知价值间的对比越强烈，越容易导致旅游者购买心理的波动，从而引发购物安全事故。

（三）环境因素

环境因素即商品交易时所处的外部状态，主要包括规范和约束旅游购物行业的市场管理与法治保障、目的地治安状况等。

1. 管理与法治

完善的市场管理能营造良好的旅游购物环境，保障买卖双方的交易公正、合法。然而，旅游行业涉及面广，市场管理难度大。同时，我国旅游业发展增速较快，新现象新问题层出不穷：如旅行社低价招徕旅游者，旅途中购物店取代旅游景点，等等，旅游者合法权益被损害的事例不胜枚举。这都需要更加完善的行业法规去约束。2013年10月1日，《旅游法》的实施使旅游业的发展开始步入全面法治化的轨道，相关配套的法律法规也在不断调整与完善中，但多年遗留的行业顽疾还需逐步约束治理。

2. 目的地的安全状况

目的地的安全状况直接影响着旅游者的身心安全。因此，目的地一旦发生重大治安事件，如抢劫、杀人、个人信用卡信息泄露及信用卡被盗刷等，都会严重影响旅游者的旅游体验，制约旅游者的购物行为。

此外，影响旅游购物安全的环境因素还包括经营场所的安全环境，即经营场所的安全管理和运营情况，装修装潢的安全性能等。

二、常见的旅游购物安全事故

尽管旅游购物安全事故种类多样、纷繁复杂，但分析其形成原因不难发现，常见的旅游购物安全事故无外乎以下三大类：

（一）由购物服务引发的安全事故

旅游者对商品的购买行为往往是通过导游的介绍、推荐并在指定的购物场所进行的，整个购物活动的服务环节均可能引发安全事故，这是旅游购物安全事故中最常见的类型。

1. 导游诱导、胁迫购物

近年来，随着我国居民收入水平的大幅提升，旅游活动成为我国居民越来越多的休闲选择，旅游业发展迅速。与此同时，旅行社行业竞争激烈，众多旅行社为了争取客源，不惜压低价格，使地接社出现“零团费”甚至“负团费”接待游客的现象。地接社将经营收益压在了导游身上，导游不得不采取不正当的手段来获取收入，如增加购物次数收取“人头费”、延长购物时间、诱导胁迫游客购物、收取更多的“购物回扣”等。多数旅游购物安全事故均发生在导游带领游客购物的活动中。

2. 经营者服务态度恶劣

众多旅游商品经营者存在短视心理，往往抱着“来一个宰一个”的经营理念。导购员在推销商品时往往夸大其词，说得天花乱坠，一旦游客想要退换时，态度常常是一百八十度的大转变——不断设置各种障碍以阻止游客退换。对于一些有特殊运输规定或出境规定的旅游商品，经营者也只考虑其销售业绩，而对游客的携带或运输要求等相关问询避重就轻、轻描淡写、故意回避。这些行为也极大地影响了游客的购物体验，诱发旅游购物安全事故的发生。

‹‹‹ 案例 5-2 ›››

佛像购非所买，退货遇阻

2017 年 10 月，赵先生参加了成都某旅行社组织的乐山—峨眉山两日游，在旅行社安排的购物店购买了一尊纪念佛像。由于当时购物店游客众多，赵先生在确定了所购物品后就去收银台结账，结账完成后直接取货离开了购物店。待旅游结束返程后，才发现所购佛像并不是其购买时的样式，佛像造型不同、质量低劣。赵先生要求该旅行社协助办理退货，但旅行社以旅游行程已结束、合同已履行完毕为由拒绝协助赵先生退货。赵先生向旅游投诉处理机构投诉该旅行社和旅游购物商店，要求其退货。

【分析要点】

本案例属于旅游商品经营者服务意识较差、短视理念经营及旅行社服务态度淡漠而引发的旅游购物安全事故。

存在问题：旅游者在合同约定的购物场所购买的商品被调换，经营者以次充好。旅游行程虽已结束，但旅游购物品售后及消费者维权尚未结束。

【处理建议】

依据《旅游法》《旅行社条例》的适用范围及相关规定，旅游者在合同约定的购物场所购买到假、冒、伪、劣商品，要求旅行社赔偿的，旅行社应当先行赔付，旅行社赔偿后，可向旅游购物场所追偿。根据《消费者权益保护法》的有关规定，经营者提供的商品有欺诈行为的，应当按照消费者的要求增加赔偿其受到的损失，增加的金额为其购买商品价格的3倍。

（资料来源：李柏槐、石应平《旅游法律法规与典型案例汇编》典型案例44：旅游者所购商品被商家替换，有改写。）

（二）由商品性价比引发的安全事故

一方面，旅游者选购旅游商品，主要看重其文化价值或纪念意义，可自行留作纪念，也可作为礼物赠送亲朋好友。这就要求旅游商品质量上乘，并与它的纪念价值相符。另一方面，旅游商品的经营者由于其选址、运营成本较高，使其出售的商品价格普遍高于其价值。在买卖双方不平等的交易博弈中，旅游商品经营者不惜以次充好，甚至销售假冒伪劣商品；或在旅行社、导游、司机等收回扣的压力下，恶意加价销售。同时，旅游购物的异地性、实时性等特性，也加大了旅游商品在存储、运输等环节损坏变质的可能。这些均增加了游客的购买风险，导致游客在购买行为发生后出现不同程度的不满、退货或投诉。虽然当前网络购物成交额不断上升，但网络购物本身具有的风险与隐患亦无法抵消由旅游商品性价比所引发的购物安全事故。

<<< 案例5-3 >>>

旅游购物品质价不符

刘女士等10人于2019年1月与成都某出境旅行社签订了“欧洲六国10日游”的旅游合同。旅游过程中，刘女士在旅行社安排的购物店购买了旅游商品。旅游结束后，刘女士发现其所购商品质量低劣，且价格很高，遂向旅游投诉受理部门投诉该旅行社安排的购物店商品质价不符。

【分析要点】

本案例属于典型的旅游商品质价不符所引发的购物安全事故。

存在问题：旅游者在合同约定的购物场所购买到的商品质价不符。

【处理建议】

依据《旅游法》《旅行社条例》《消费者权益保护法》的适用范围及相关规定，旅游者在旅行社选定的购物场所购买到假冒伪劣、质价不符的商品时，旅游者要求旅行社赔偿的，旅行社应当先行赔付；旅行社赔偿后，可向旅游购物场所追偿。

（资料来源：李柏槐、石应平《旅游法律法规与典型案例汇编》典型案例43：旅行社安排的购物点商品质价不符，有改写。）

（三）由购物环境引发的安全事故

购物环境是指旅游者购买商品所处的经营场所的软硬件环境。经营场所的硬件环境为经营场所的装修、布局等；软件环境则包括经营场所的运营管理与治安状况。

由购物环境引发的安全事故主要有：旅游者财物安全事故，如在传统的以纸币支付的形态下，旅游者购买旅游商品就面临着财物暴露、财物丢失的风险；在网络支付形态下，游客购物又面临着信用卡被盗刷、个人信息被套取的风险。旅游者人身安全事故，如摔伤、撞伤、拥挤、踩踏等意外人身伤亡事故。旅游者心理安全事故，如受到胁迫、恐吓、惊吓，等等。

案例 5-4

境外旅游信用卡被盗刷，损失如何挽回？

2018 年 5 月，陈女士参加了俄罗斯团队旅游。23 日在某购物店内使用 Z 银行信用卡购买纪念品，两天后发现该信用卡被盗刷 6 笔，折合人民币共 3 万余元。陈女士随即通过国内亲属致电银行信用卡中心挂失。在挂失的同时，她与导游也来到圣彼得堡警局报案，并及时把报案的相关证明材料传真给 Z 银行的信用卡部。

陈女士回国后又及时主动与 Z 银行信用卡部联系，详细说明案发前后的基本情况并请求银行尽快查明原委，以便减少经济损失。但银行方面称，因为此次事件需要与俄方银行核查处理，解决问题需要较长时间。

图 5-2　境外旅游时，需严防信用卡盗刷事故

【分析要点】

本案例属于旅游者个人信息泄露——信用卡被盗刷而引起的购物安全事故。在网络支付便捷的今天，信用卡使用安全尤其应该受到足够重视。该案例中持卡人在发现信用卡被盗刷时的做法正确、及时、可取。但在境外刷卡消费时，由于涉及国内外银行、国内外法律及实施流程的差异，维权的过程往往比较困难。

（资料来源：金投网：境外旅游信用卡造盗刷 银行只赔小额刷卡款，有改写。）

第二节　旅游购物安全事故的防范

拓展阅读

旅游购物安全是影响地区旅游整体形象和旅游业长远发展的重要因素。因此，做好旅游购物安全防范，尽量减少旅游购物安全事故的发生，才能提升地区旅游综合服务水平。旅游购物安全事故的防范需要全社会、全行业、全人员、全

过程的共同参与，以确保旅游购物活动安全有序运行。

一、旅游购物安全管理

旅游购物安全防范的关键在于旅游购物安全管理，主要通过提高旅游购物相关部门的安全管理水平，如加强市场监管，提供购物安全的法律保障，强化经营者安全意识等，来达到预防和减少旅游购物安全事故的发生，保障旅游购物安全。

（一）加强市场监管

旅游购物安全防范的重要保障环节就是市场监管。在旅游业快速发展的当下，市场监督管理的功能理应得到更大功能的发挥。但由于旅游购物涉及部门行业众多，以及旅游购物的实时性与异地性，也加大了市场监管的管理范围和难度。为防范旅游购物安全事故的发生，市场的监督管理可从以下两个方面着力：

1. 拓宽市场监管范围，全面覆盖旅游商品经营各领域

旅游商品的经营涉及市政、工商、物价、税务、环保、卫生、文化旅游等诸多部门，需要各部门合力共同完成，一旦其中某一环节出现问题，就会影响旅游商品经营者的规范运营。因此，作为主管部门的地区文化和旅游局应主动承担起协调和统筹的责任，联系相关部门切实落实好有关旅游商品经营的审批、监管、追责等责任，为旅游商品经营者营造公平、合法的良好营商环境。

2. 完善市场监管细则，深入旅游购物活动各环节

旅游购物活动主要包括三个环节，即购物前导游的推介与讲解、购物中旅游商品经营者的经营与导购、购物后的商品售后。旅游购物的市场监管需要地区文化和旅游局、工商行政管理局、旅游执法大队、旅游质监所等行政管理部门共同发力，依据旅游购物活动的特性，深入旅游购物活动三大环节，并针对不同环节制定严格可行、完善细致的行业规范，加强行业自律，健全各类考核奖惩机制。

（二）提供法律保障

2012 年党的十八大提出全面推进依法治国的要求，2013 年 10 月《旅游法》实施。随着我国法治进程的加快，旅游业的发展逐步进入法治化发展的轨道（具体内容详见表 5-1 旅游购物安全相关法规汇总表），但由于旅游业的发展速度较快，呈现出的问题日渐纷繁复杂，涉及旅游业发展的法律法规尚需逐步调整，以适应不断变化的新情况。

表 5-1 旅游购物安全相关法规汇总

实施时间	相关旅游法规	主要章节内容
2010 年 7 月	《旅游投诉处理办法》	总则、管理、受理、处理、附则
2013 年 10 月	《旅游法》	总则、旅游者、旅游规划和促进、旅游经营、旅游服务合同、旅游安全、旅游监督管理、法律责任、附则
2016 年 5 月	《关于旅游不文明行为记录管理暂行办法》	旅游者与从业者不文明行为内容、记录管理
2016 年 12 月	修改《旅行社条例实施细则》	总则、旅行社的设立与变更、旅行社分支机构、旅行社经营规范、监督检查、法律责任、附则
2016 年 12 月	《旅游安全管理办法》	总则、经营安全、风险提示、安全管理、罚则、附则
2017 年 10 月	修改《导游人员管理条例》	总则、导游资格证和导游证、导游人员计分管理、导游人员年审管理、导游人员等级考核、附则

全面依法治国要求全民守法，但前提是学法、懂法。在全面推进旅游法治化发展道路的进程中，除了推动旅游行业立法，还需要不断扩大相关法律的宣传，让各类主体在各级各类形式多样的普法宣传中，了解法律的立法目的和主要内容，逐步内化成自觉主动的守法、维权意识，真正使法律成为维护行业及公民公平、正义的武器，以实现守法、用法的目的。

（三）强化安全意识

在旅游购物安全的诸多影响因素中，人的因素是最为关键的因素，因此在对安全事故进行防范时，应当强化旅游购物参与者的安全意识，完善自我管理。旅游经营者与旅游从业人员均应以高度自觉的安全责任意识，积极的管理态度，确保旅游购物安全。同时，旅游者也应积极主动地接受关于购物安全的相关教育，提高自身防范风险的意识。

1. 强化旅游经营者安全意识

依据 2016 年 12 月 1 日起实施的《旅游安全管理办法》有关规定，旅游经营者应当承担旅游安全的主体责任，建立健全安全管理制度。作为旅游商品的经营者，大到旅游购物品定点商场，小到流动摊贩，都应当在严格执行行业规章制度的前提下，形成自己的管理模式或方法。只有严谨全面的管理制度才可以使经营平稳运行，才能不断创造辉煌的业绩，并避免发生购物安全事故。另外，旅游商品经营者除了提供安全舒适的购物场所，营造良好的购物氛围，还可以通过多种途径深入研究游客的购买需求与购买心理，逐步更新服务意识与理念，为游客提供有针对性的个性化服务。在此基础上，旅游商品经营者可以充分把握游客购物安全的心理需求，及时改进服务理念与方法，以确保游客在购物交易时的人身、财产安全，防患于未然。旅行社作为旅游购物活动重要的组织者与协调方，要做的不仅仅是制定与落实安全管理的各项规定，常抓全员安全服务理念，更是要将安全意识贯穿到旅游服务的各个环节，确保旅游活动安全万无一失。

2. 提高旅游从业人员安全素养

旅游购物行业的从业人员主要包括导游、经营者、导购等，他们是直接接触旅游者的一线从业者，多数旅游购物安全事故都是由于一线人员处置不当所导致的。因此，提高从业人员的职业素养是防范旅游购物安全事故的有效措施，可以从以下几个方面着手：

（1）制定岗位培训提升制度。例如：地区导游协会年度培训可以增加关于旅游商品更新推介、购物注意事项、推介方法与技巧等内容；旅游商品经营者和导购则可以由旅游行政管理部门负责进行关于礼仪形象、推销技巧、购物心理等方面的培训。

（2）完善业绩考核。旅游从业人员的业绩考核应当是综合全面的系统，不仅包括购物收入、游客评价、从业者评价等，还应包括旅游投诉、购物安全等方面的内容。由于构成复杂，需要管理部门制定相关规定，实施旅游购物从业人员业绩考核办法，从制度层面规范旅游购物从业人员行为，分档分区施行业绩考核，进行有效的奖励或惩罚。

（3）开展法律培训。面对日益完善的法制环境，我国旅游业的从业人员也应该不断加强学习，增强法律意识，主动学法、懂法、用法。地区导游协会组织及旅游行政管理部门还可以探索多种途径，开展相关法律法规的教育培训。

（4）举办多种评比及展示。例如：旅游购物从业人员购物服务优秀案例宣讲或交流活动、旅游旺季百日购物安全评选活动、年度旅游购物商店评优活动、旅游购物金牌导购，等等。通过这类评比展示活动，可以促进地区旅游购物营销环境的良性循环，激发旅游购物从业人员提高业务水平的积极性、参与性，达到防范旅游购物安全事故、提高旅游购物服务质量的目的。

3. 开展旅游者购物安全教育

旅游者是旅游购物活动最重要的参与者，不同心理特征的旅游者在不同的购买氛围中会存在较大的不同，容易引起各类旅游购物安全事故的发生。导游可以在旅游团出发之前及前往旅游商场途中，对游客购物进行安全教育、安全提示，让游客睁开“雪亮的眼睛”，提高警惕，增强消费安全意识，避免发生购物安全事故。

二、旅游购物安全防范措施

旅游购物安全防范就是在日常的旅游购物活动中，不断提高旅游经营者及其从业人员的安全责任主体意识，明确各环节的主体责任，并针对常见的购物安全事故进行有目的的应急防范，防止旅游购物安全事故发生及事态的扩大。

（一）落实责任主体

根据《旅游法》和《旅游安全管理办法》的有关规定，旅游购物相关经营者既包括旅游商品经营者，也包括旅行社，这些经营主体应当承担起旅游购物安全的主体责任，建立健全购物安全管理制度，妥善应对旅游购物安全事故。旅游购物安全管理主体应当主动承担以下安全义务：

1. 安全防范、管理和保障义务

旅游购物商场及设施设备应当符合有关安全的法律法规要求，如逃生通道、消防器械的设置与使用等，并建立涉及购物安全的责任主体和管理制度。对从业人员如导购、导游进行安全教育和培训，确保他们掌握必要的规章制度、操作流程和应急处理能力。

2. 安全说明或警示义务

旅游购物经营者对其提供的产品进行安全评估，导游要以明示的方式对游客的购买行为作出真实的说明和明确的警示，并对游客不宜参加的活动或服务及时提醒。

3. 安全救助、处置和报告义务

旅游购物经营者应当依法制定应急预案，在旅游购物安全事故发生时，采取必要合理的措施，救助或帮助受害游客，控制事态发展，防止损失扩大。在发生购物安全事故时按照有关规定及时向上级主管部门报告事故的相关情况。

（二）制定防范措施

旅游经营者在明确了安全主体责任之后，针对常见的旅游购物安全事故应当制定切实有效的安全事故防范措施，预防购物安全事故的发生、发展。

1. 做好信息共享与制度保障

旅游购物安全事故涉及的人员与部门较多，保持高效的信息沟通至关重要。信息共享就是建立在旅游经营者合作互信的基础上，进一步互通有无，及时调整信息发布的时间、内容，实现信息传递的有效性，防止因信息失真而导致的购物安全事故。此外，旅游经营者各主体责任单位应有规范的安全事故防范管理制度，针对不同类型的购物安全事故提出相应的处置建议，并在安全事故高发期对多发的购物安全事故类型进行及时提醒，提高防范效果。

2. 明确主要责任人及其处理权限

旅游购物安全事故诱发原因多样，涉及人员较多，防范难度较大。因此，落实事故发生及处理不同阶段的主要责任人及其责任权限，就能最大限度地控制事故发展态势，防止损失扩大。购物活动之前，导游是主要责任人；购物活动中，旅游商品经营者及导购是主要责任人；购物活动之后，旅行社管理部门负责人员及旅游商场或商品经营者是主要责任人。针对购物事故不同发展阶段可能出现的安全事故，可以预先设定责任权限，在购物安全事故发生前实施最大限度的补救，防范安全事故发生。

3. 规范购物安全事故的调查流程

在购物安全事故已然发生、尚未进一步发展的时候，做好事故调查是当务之急。事故调查应当有规范的流程，确保在最短的时间掌握全面的资料，为接下来事故的补救及处理争取最大的主动权。首先，了解购物安全事故的梗概，并询问相关事件经历者，注意细节的调查；其次，将调查的结果进行认真细致的分析与核实；最后，提出处理方案并制作旅游购物安全事故报告，告知相关责任人员及时尽快处理善后。

4. 旅游保险制度

旅游保险是旅游风险管理的有效手段之一，是以缴纳保险费为前提，对保险合同约定范围内的安全事故所造成的损失承担赔偿责任，进行经济补偿或给付的经济形式。随着国民及经营者对保险的认识逐步强化，以及保险险种的增加，旅游保险为旅游者及旅游经营者分散旅游风险、分摊旅游损失、防范旅游安全的功能，应得到足够的重视。

第三节　旅游购物安全事故的应对

虽然旅游各领域各部门都可以立足自身实际情况，积极有序推行安全防范措施，但在后疫情时代旅游业快速增长的环境下，旅游商品交易过程中新矛盾新问题层出不穷，旅游购物安全事故仍将不断发生。这需要旅游从业人员、旅游行政管理部门等多方合力积极应对。除要掌握常见旅游购物安全事故的应对之策，还需了解有关旅游购物投诉的内容。

一、常见的购物安全事故应对

旅游经营者针对常见的三大类旅游购物安全事故，应从具体实例事故出发，积极应对。

（一）与购物服务相关的安全事故应对

1. 导游诱导胁迫购物

旅行社等服务部门在接到旅游者反馈或投诉时，应第一时间详细了解事情发生的过程，指派专人负责跟进事件的调查（如旅游者的证言证词、购物凭证、旅游合同等文件），积极并及时处理后续问题。如果确定是导游的服务态度问题，则即刻更换导游，旅行社负责人当面向游客致歉，主动处理旅游商品购买的退换货问题，并给予游客一定的物质补偿。尽快平息游客的不满，争取游客的谅解，为后续工作的合作态度争取最大的努力。

2. 经营者虚假宣传

由于旅游购物的实时性和异地性，旅游者的购物安全事故应对主要分为两种情况。一是在旅游商品购买地即发现经营者虚假宣传，旅游者需要退换旅游商品。此时导游应协助游客收集宣传资料，保存购物凭证和商品实物等相关证据，第一时间与地接社反映此种情况，帮助游客办理售后，并请求旅游商品经营场所协助处理，直至向购买地旅游投诉部门投诉。二是在游客返程后，发现经营者虚假宣传，旅行社需尽快联系相关部门和人员，地接导游及旅行社在接到旅游者反馈或投诉后，应首先了解事实真相，核实此次事故的主要责任方，如确定是经营者的问题则尽快联系积极处理售后问题，如若经营者态度模糊不予合作，则可协助游客向旅游投诉处理部门进行投诉，积极跟进投诉处理进展，直至事故妥善解决。同时，及时向当地旅游主管部门反映相关情况，并对后续游客做好提示和告知的工作。

（二）与商品相关的安全事故应对

针对购买假冒伪劣或质价不符的商品的应对：地接导游及旅行社应在接到旅游者反馈信息并请求办理售后时，首先了解并掌握商品的购买信息或资料的真伪，如果商品为定点购物场所销售，则应先行赔偿游客的货款等损失，再与旅游商品经营者办理退换。若与旅游商品经营者协商无果，经营者拒不赔偿时，可向上级行政主管部门提起诉讼，要求其承担相应的法律责任。如果商品为游客自由活动时自主选购，旅行社或导游则需协助游客办理售后事宜。

（三）与购物环境相关的安全事故应对

与购物环境相关的安全事故，普遍属于《治安管理处罚法》的相关内容。根据不同的社会影响，相关人员的人身、财物损失的严重程度等因素，处罚的种类与程度不尽相同。但此类安全事故的应对流程通常为：报警、协助调查、积极善后。

作为旅游从业人员的导游，在遇到此类突发购物安全事故时，应首先确保旅游者的人身安全，并第一时间与旅行社取得联系，请求相关人员协助处理；同时安抚游客，舒缓游客的紧张、恐惧情绪，积极为游客出谋划策，寻找解决之道；积极参与警方的调查，主动提供有价值的线索。除此之外，还应当在后续的陪同服务中，给予游客更多的关心与帮助。在游客返程之后，也尽量关注该事件使其得到妥善处理。

二、旅游购物投诉与处理

随着旅游法律体系的不断完善，游客维权意识的增强，由旅游购物安全事故而引发的投诉成为旅游投诉的重要组成部分。2010 年 7 月 1 日起施行的《旅游投诉处理办法》，为我们全面处理各类因旅游购物安全事故引发的投诉提供了依据。

（一）旅游购物投诉概述

1. 旅游购物投诉的概念

依据《旅游投诉处理办法》有关旅游投诉的阐述，旅游购物投诉可以理解为游客认为旅行社及导游或是旅游商品经营者所提供的商品损害了其合法权益，请求旅游投诉处理机构处理该民事争议的行为。

2. 旅游购物投诉的主要情形

旅游购物投诉通常是由于导游或旅行社有关购物服务态度及服务意识较差，出现欺骗、诱导、胁迫游客购物或是退货环节不予配合等情形；或是由于旅游商品经营者出售假、冒、伪、劣等质价不符的商品及在商品售后环节的服务态度问题，以及交易过程中出现的其他损害游客人身、财物的事由。

（二）旅游购物投诉的处理

1. 旅游购物投诉处理原则

旅游投诉处理机构在调查核实有关购物投诉的基本情况后，本着自愿、合法的原则实施调解，以促成游客与旅行社或旅游商品经营者双方互相谅解，达成协议。

2. 旅游购物投诉的应对与处理

（1）旅游经营者应对购物投诉。在接到旅游投诉处理机构的《旅游投诉立案表》后 10 日内，旅游经营者应本着认真负责、实事求是的态度，及时做出书面答复。书面答复应包括如下内容：被投诉的旅游购物事由，调查核实的过程，购物投诉所涉的关于购物活动、商品等方面的基本事实与证据，购物投诉的责任区分及处理意见等。

（2）旅游投诉处理机构处理购物投诉的程序。在收到旅游经营者做出的有关购物投诉书面答复后，投诉处理机构对该书面答复内容进行调查核实，仔细分析购物投诉所涉事实的缘由、经过、结果及主要证据，确定双方的责任。然后，联系双方当事人协商解决争议和矛盾，促成双方自行和解。如若和解不成，则依据被投诉事由所涉及的购物相关内容（退换商品、赔偿损失等）及法律法规，提出调解方案促成双方调解，并自受理投诉之日起 60 日内做出处理。双方达成调解协议的，制作《旅游投诉调解书》，没有达成调解协议的，制作《旅游投诉终止调解书》。随后，投诉者可根据实际情况自行选择向仲裁机构申请仲裁或向人民法院提起诉讼。

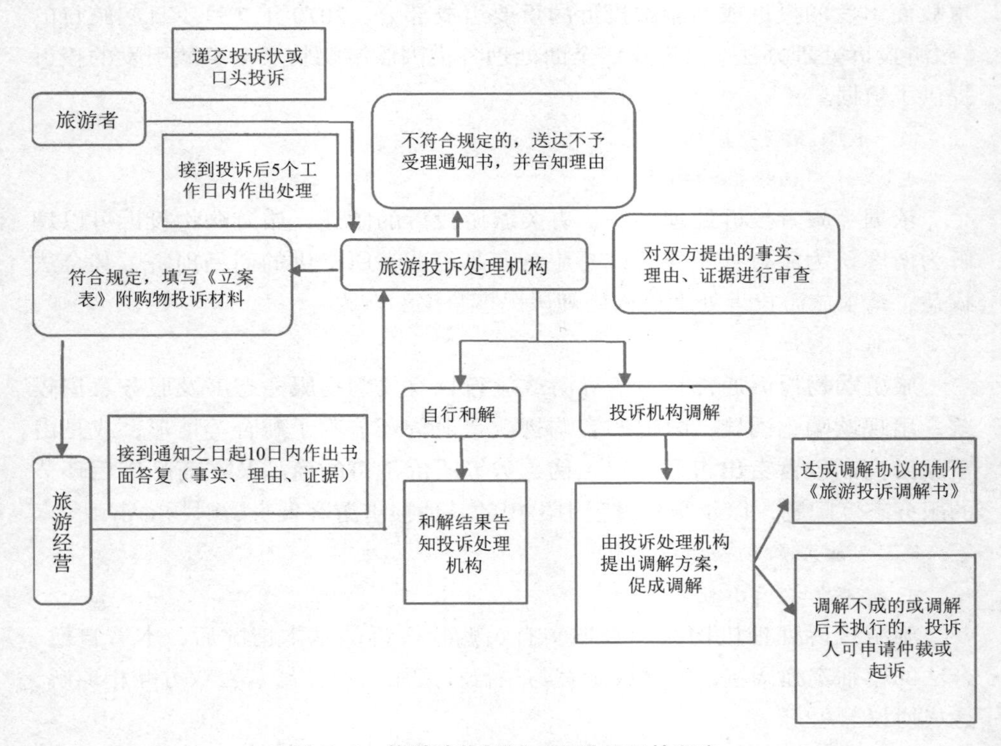

图 5–3　旅游购物投诉受理及处理的程序

案例 5-5

“景点游”变成“购物游”　旅游者苦不堪言

2017年2月10日，张女士一行三人在广西柳州一家旅行社报了团，准备参加23日至27日的云南4晚5日游。在旅游合同签订之前，旅行社向张女士等人说明，该团队不是购物团。可随着旅游行程的开展，逐渐让大家感觉上了当。

抵达昆明后，地陪导游热情地接待了旅游团，第一天在滇池的讲解也很生动。但到了第二天，导游在石林景区走马观花式的游览之后，便带他们去了购物店。而这一趟行程下来，共去了5家购物店，可以说“景点游”变成了“购物游”。而且每去购物店的路上，导游都会苦口婆心地游说大家消费。导游表示，这个团队她没有工资，全靠游客的消费才能拿到报酬，并且还要登记游客在不同购物店的消费金额，她还曾委婉地表示，不消费的游客其实她不愿接待。

在导游的游说和压力下，张女士等人在大理的一家玉器店购买了2只玉手镯，共计16528元。然而，等大家回到柳州后，她们拿着这些玉器到大商场的玉器店找人来看，内行人告诉她们，她们买的玉器和市价不符，在柳州的珠宝店以1折的价格就能买到。5月15日，张女士一行人遂向柳州旅游质监所投诉旅行社，状告旅行社虚假宣传，要求旅行社办理退货手续，并退还部分旅游费用。

【分析要点】

本案例属于目前比较典型的由旅行社虚假宣传、导游诱导游客购物引发的旅游商品质价不符安全事故。

存在问题：旅行社在与旅游者签订旅游合同时明确表示该团不是购物团，但随着旅游行程的开展，“景点游”变成了“购物游”；导游诱导游客购物，明确表示全靠游客的消费拿工资；游客买到的玉器质价不符。

【处理建议】

1. 旅行社虚假宣传：根据《旅游法》《旅行社条例》《消费者权益保护法》等相关内容规定，旅行社虚假宣传诱导旅游者订立旅游合同，应处责令改正、没收违法所得，并处5000元以上50000元以下罚款，对主要负责人并处罚款；

2. 导游诱导游客购物：依据《旅游法》《导游人员管理条例》的有关规

定，导游人员欺骗、胁迫游客购物的，没收违法所得，处2000元以上2万元以下罚款；

3. 旅游者购买商品存在质价不符的情形：旅行社应负责挽回或者赔偿旅游者的直接经济损失。

（本案例改编自平安时报:《说说旅游投诉纠纷的那些事》.2017年3月16日第8版.）

本章小结

本章对旅游购物安全相关内容进行了深入阐述，分析了旅游购物安全事故的影响因素及常见的购物安全事故，并提出了防范措施和应对之策。通过学习，使旅游从业人员了解了旅游购物安全事故的基本知识和相关技能，能够积极妥善地应对各类旅游购物安全事故。

思考与练习

一、练一练

1.（　　）是旅游者在旅游目的地所购买的具有纪念性、实用性的有形商品。

A. 旅游产品　　B. 旅游商品　　C. 旅游纪念品　　D. 旅游购物品

2.《旅游法》于（　　）正式实施，使旅游业的发展步入法治化轨道。

A. 2013年10月1日　　B. 2013年5月1日

C. 2012年10月1日　　D. 2012年5月1日

3. 旅行社压低价格争取客源，地接社出现“零团费”“负团费”接待游客的现象，由此导致旅游购物安全事故属于（　　）。

A. 由购物服务引发的安全事故

B. 由商品性价比引发的安全事故

C. 由导游服务引发的安全事故

D. 由经营者服务引发的安全事故

4. 下列不属于旅游购物安全管理的内容有（　　）。

A. 加强市场监管　　B. 提高从业人员素养

C. 完善自身管理　　D. 构建旅游法律体系

5. 旅游者在外出旅游时因购物引发纠纷，不可以向（　　）提起投诉。

A. 消费者协会组织　　B. 旅游质监所

C. 工商局　　D. 旅游执法大队

二、安全小课堂

参考答案

1. 旅游购物安全的影响因素有哪些？

2. 作为旅游从业人员，如何提高购物安全意识？

3. 旅游经营者如何防范购物安全事故？

4. 旅行社在接到游客反映导游诱导胁迫购物时，该如何处理？

5. 旅游者在行程结束后要求协助退换旅游商品时，导游该如何应对？

6. 旅游者在自由活动时购买到假冒伪劣商品，要求旅行社协助退货遭拒后，向旅游投诉部门投诉时，旅行社该如何处理？

参考文献

[1] 王秀娟，钟志平，谢探 . 旅游购物的影响因素实证研究：以长沙市为例 [J]. 湖南商学院学报，2009.16（1）：77-79.

[2] 石美玉 . 中国旅游购物研究 [D]. 中国社会科学院研究生院，2003：138-143.

[3] 余会 . 旅游购物感知风险影响因素研究 [D]. 西南交通大学，2009.

[4] 杨玲，田晓霞，李德山 . 旅游购物研究述评 [J]. 乐山师范学院学报，2010.6：90-93.

[5] 李柏槐，石应平 . 旅游法律法规与典型案例汇编 [M]. 成都：四川大学出版社，2013.8.1.

[6] 国家旅游局 . 旅游投诉处理办法 [Z]. 2010-01-04.

[7] 孔邦杰，旅游安全管理 [M]. 汉语大词典出版社，2011.12：210.

第六章

旅游娱乐安全防范与应对

本章重点

旅游娱乐安全是指旅游者在娱乐场所和游乐场所参加旅游活动时，各相关主体的一切安全现象的总称。本章包括旅游娱乐安全管理和常见旅游娱乐安全事故的防范和应对内容，重点讲解常见旅游娱乐安全事故的防范和应对策略。

学习要求

了解旅游娱乐安全的含义、类型和特点，熟悉并掌握常见旅游娱乐安全事故的防范措施和应对处理办法，提升旅游安全防范意识，确保旅游活动顺利开展。

本章思维导图

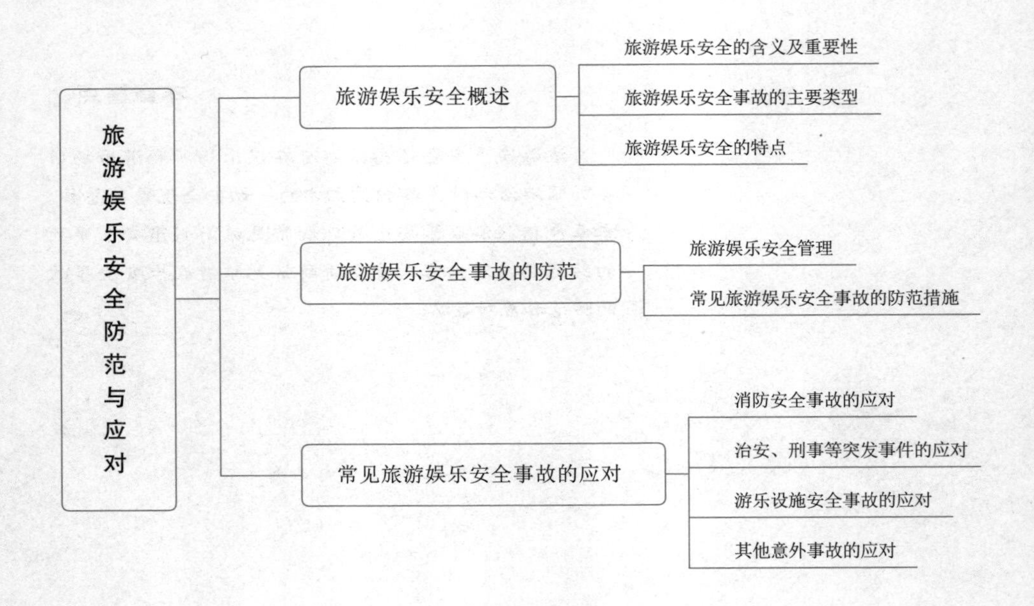

第一节　旅游娱乐安全概述

在旅游业迅速发展的今天，旅游娱乐活动成为旅游活动的重要组成部分，旅游娱乐安全问题也日益显现，加强对旅游娱乐安全的管理已越来越引起经营管理者的重视。

一、旅游娱乐安全的含义及重要性

（一）旅游娱乐安全的含义

旅游娱乐是构成旅游活动的六大基本要素之一，涉及文学、艺术、娱乐、音乐、体育等领域。

旅游娱乐安全是指旅游者在娱乐场所和游乐场所参加旅游活动时，各相关主体的一切安全现象的总称。它包括旅游娱乐各环节的安全现象，也包括旅游娱乐各环节中涉及的人、设备、环境等相关主体的安全现象。从涵盖范围上，旅游娱乐安全既包括旅游娱乐活动中的安全观念与意识、安全宣传教育培训等，也包括旅游娱乐活动中对安全事故的防控、安全机制保障与管理等。

（二）旅游娱乐安全的重要性

"没有安全，便没有旅游。"安全是旅游活动不容忽视的首要环节。旅游娱乐安全不仅影响旅游者的旅游活动，还会影响当地的整体形象，甚至影响旅游业的可持续发展。

1. 旅游娱乐安全是旅游业可持续发展的基础

旅游安全是旅游业的生命线，旅游业的发展必须兼顾经济效益、社会效益和环境效益的统一，各方面都是相互关联的。任何一个环节出现安全问题，都会产生不利影响。旅游娱乐安全不仅影响旅游业的形象和信誉，还关联到旅游业的生存和发展。

2. 旅游娱乐安全是各旅游相关主体的生命及财产安全的重要保障

旅游娱乐安全事故危及旅游者生命和财产安全，严重的安全事故甚至会造成一定的社会秩序紊乱，阻碍旅游业的发展。因此，加强旅游娱乐安全具有重要意义，势在必行。

3. 旅游娱乐安全是确保旅游者满意的基本要求

旅游者外出旅游时，最基本的要求是确保自身安全。只有在保证自身安全的前提下，才能获得舒适、愉快的旅游体验。在参加旅游娱乐活动时，旅游者自身的安全受到威胁或造成损失，会直接影响旅游活动的开展。

二、旅游娱乐安全事故的主要类型

旅游娱乐安全事故一般指在娱乐场所和游乐场所内发生的各种安全事故。近年来，旅游娱乐安全事故主要表现在消防安全事故、治安刑事突发事件、游乐设施安全事故和其他意外事故等方面。

1. 消防安全事故

消防安全事故是指旅游者参加旅游活动时，娱乐场所或游乐场所发生火灾、爆炸，导致旅游者的生命、财产安全受到威胁或造成重大伤亡的事故。引起火灾的原因有烟头起火、表演失火、电器起火、游乐设施起火等。

2. 治安、刑事等突发事件

治安、刑事等突发事件是指旅游者参加旅游活动时，娱乐场所或游乐场所发生打架斗殴、抢劫、盗窃、黄赌毒、闹事等，导致旅游者身心及财物受到不同程度损害的事件。

3. 游乐设施安全事故

游乐设施安全事故是指旅游者参加旅游活动时，游乐设施出现碰撞、断裂、坠落、脱轨等故障，导致旅游者身心及财物受到不同程度损害的事故。

4. 其他意外事故

其他意外事故是指旅游者参加旅游娱乐活动时，发生溺水身亡、健身扭伤、跑步机摔倒、酒后桑拿引发疾病等意外事故。

三、旅游娱乐安全的特点

旅游娱乐安全涉及多方位、多维度，既包括娱乐场所和游乐场所的消防安全、环境安全，也包括娱乐场所和游乐场所的设备设施安全，另外还包括旅游者、旅游从业者的人员安全等。

（一）复杂性

旅游娱乐是一个综合的区域，旅游娱乐安全管理涉及娱乐场所和游乐场所日常管理工作和旅游者的活动等诸多环节。除了人为因素造成的各类安全问题，还有游乐设施设备安全事故等。因此，旅游娱乐中的不安全因素相对更加复杂。

（二）突发性

旅游娱乐活动中的各种安全事故，往往带有突发性。许多安全事故都是在极短的时间内、毫无防备的状况下发生的。因此，这就要求各旅游主管部门、旅游企业、旅游从业人员，在平时做好处理各种突发安全事件的准备。只有这样，才能在发生突发安全事件时临危不惧。

（三）关联性

旅游娱乐安全事故控制与管理的好坏，不仅直接影响到旅游者的生命、财产安全，而且会影响到当地的旅游形象，甚至国家形象。因此，加强旅游安全管理具有重要意义。

第二节　旅游娱乐安全事故的防范

旅游娱乐活动涉及环节多，娱乐场所的环境复杂、人员密集，任何一个环节、一个人的疏忽都可能造成安全事故的发生，导致旅游者的人身、财产损失。因此，各娱乐场所和游乐场所要加强旅游娱乐安全管理，做好各类娱乐安全事故的防范工作，以减少安全事故的发生。

一、旅游娱乐安全管理

各娱乐场所和游乐场所需加强安全管理，减少旅游安全事故发生的可能性，消除或降低安全事故的危害和损失，实现人人安全、事事安全、时时安全、处处安全的目标，保证旅游娱乐的正常运营。

（一）旅游娱乐安全防范存在的问题

各娱乐场所和游乐场所在经营管理上各具特色，但在安全防范上存在诸多问题，主要表现在以下几个方面：

1. 旅游娱乐场所安全防范意识不强

分析以往发生的旅游娱乐场所安全事故，其根本原因大多是安全工作不够细致、管理不到位、安全防范意识不强。一部分旅游娱乐场所盲目追求经济利润，缺乏完善的安全管理制度；一部分旅游娱乐场所不重视安全教育和安全培训，从业人员的工作疏忽导致发生各类安全事故。

2. 旅游者安全意识淡薄

旅游者安全意识淡薄，是安全事故发生不容忽视的原因。一部分旅游者安全防范意识不强，不按照游乐项目的规范进行操作；一部分旅游者过分自信，对安全问题不重视，加之安全意识和相关经验的缺乏，这些都加大了安全事故发生的可能性。

3. 游乐设施设备存在安全隐患

国内外游乐设施安全事故多种多样，比如：过山车脱轨、热气球爆炸、蹦极绳索断裂、游乐设备突然断电、旅游者空中跌落，等等。造成事故的原因主要有：游乐设施的生产和运行管理不规范、维护监管不到位和操作不当、设备设施维护不及时或存在安全隐患等。旅游经营及管理部门必须要重视游乐设施设备的维护，不安全的设施设备和滞后的安全管理将会带来巨大的安全隐患。

4. 安全预警机制和救援系统不完善

构建安全预警机制和救援系统，是抵御事故风险、降低危害后果的保障。一部分娱乐场所和游乐场所安全管理不规范，轻视应急预警机制和应急救援系统的建立，应急救援体系不健全、机制不完善，突发事件的应急预案可操作性不强；一部分娱乐场所和游乐场所没有完备的应急救援设备，没有定期开展专项应急救援演练等。一旦发生旅游安全事故，往往会造成惨重的生命、财产损失和环境破坏。

（二）旅游娱乐安全管理工作的重点

1. 完善相关的规则条例和管理制度

旅游管理部门应贯彻“安全第一，预防为主”的方针，建立科学、全面的旅游安全管理制度。安全管理制度包括安全管理工作制度、安全生产责任制度、安全生产检查制度、事故应急救援制度、事故调查处理制度等。

国家各级主管部门相继出台娱乐场所相关管理法规、国家标准和管理办法:《娱乐场所管理条例》《娱乐场所管理办法》《歌舞娱乐场所服务规范》《公共娱乐场所消防安全管理规定》等。各娱乐场所也可根据自身的情况和特点，制定相应的规则条例和管理制度，以保证旅游者的安全。

国家各主管部门相继出台游乐设施设备的国家标准和管理办法：国务院安委会办公室《关于加强游乐场所和游乐设施安全监管工作的通知》，国家市场监督管理总局、国家标准化管理委员会《大型游乐设施安全规范》，建设部、国家质量技术监督局《游乐园管理规定》，国家质量监督检验检疫总局、国家标准化管理委员会《游乐园（场）服务质量》等。各游乐园（场）也可根据自身的情况和特点，制定相应的规则条例和管理制度，以保证旅游者的安全。

图 6-1 游乐场所必须坚持“安全第一，预防为主”原则

2. 加强行业监管与控制，增强管控效果

旅游安全管理及相关部门应加大旅游娱乐行业的安全监管力度，定期开展娱乐场所专项安全检查工作，对易滋生治安问题和消防安全隐患的场所、单位进行全面排查，对安全生产责任制度是否落实，安全生产管理台账是否到位等情况进行全面排查。认真落实特种设施及游乐设施的检修和维护、各项消防设施的维护和保养等情况。

3. 加强教育培训，提高从业人员安全意识

缺乏安全意识是安全事故的重要诱因。在已发生的娱乐安全事故中，安全意识淡薄造成的事故占据较大的比重。从业人员没有掌握足够的安全知识，或是不按有关规定操作，会增加旅游娱乐安全事故发生的可能性。因此娱乐场所和游乐场所应加强对旅游从业人员的安全教育和培训，通过各种形式多样的安全知识、安全技能培训，不断增强安全观念，强化安全意识。

4. 完善安全事故的预警机制和救援系统

安全预警包括对灾情疫情、社会治安等各安全信息的收集，对安全的级别及程度的分析，制定安全对策，发布安全信息等。在旅游活动中发生安全事故，相关部门要迅速启动预案，及时有效地采取措施，紧急救援，保证旅游者安全。娱乐场所和游乐场所可根据当地实际情况，开展与政府、社会专业救援机构的合作，形成联动的安全预警机制和应急救援系统。

5. 加强游乐设施设备的安全管理

（1）完善游乐场所安全管理制度建设

游乐场所要树立“安全第一，预防为主”的思想，把制度化建设作为安全管理的重要手段，建立健全游乐设备安全管理规范、设施设备安全检查保

养、事故应急救援制度等各项安全管理制度。

（2）加强游乐设施设备管理

游乐场所对游乐设施设备的购置、使用、维护等，需按《大型游乐设施安全规范》及国家有关部门制定的游艺机、游乐设施安全监督管理规定执行。同时，要加强游乐设施设备的检查与监管，强化游乐场所安全标志和专业安全设施的配备，加强游乐场所的安全管理，定期组织开展游乐设施的安全检查和隐患排查，并建立长效机制，保障设施设备的安全运营，提高安全性。

（3）加强游乐场所从业人员专业培训

游乐场所从业人员的工作责任心、安全知识、操作技术是保障设施设备良好运转的重要条件。操作、管理、维修人员上岗前必须进行专业培训，经考核合格后持证上岗。

（4）加强游乐设施安全监察

我国对游乐设施实施市场准入制度和设备准用制度。游乐设施安全监察机构在做好预防工作的同时，要将事故处理机制作为安全检查工作的重要内容，按照设计、制造、安装、使用、检验、修理、改造的七个环节，对游乐设施安全实施全过程、一体化的安全监督检查。

拓展阅读

二、常见旅游娱乐安全事故的防范措施

常见的旅游娱乐安全事故主要有消防安全事故、治安刑事突发事件、游乐设施安全事故和其他意外事故。具体防范措施如下：

（一）消防安全事故的防范

消防安全事故往往是由于工作人员消防意识淡薄、设备设施维护管理不到位、旅游者使用不当等原因而引发的火灾、爆炸。

娱乐场所或游乐场所发生消防安全事故，会威胁到旅游者的生命和财产安全。旅游从业人员应知晓消防安全设施的情况，了解安全出口、安全门、安全楼梯的位置，学习火灾避难和救护的基本常识，才可以遇事不慌、妥善处理。

娱乐场所和游乐场所的从业人员需要做好消防安全的预防工作，具体防范措施如下：

1. 多做提醒工作

发现火灾隐患时要及时提醒旅游者和相关人员，消除安全隐患。如提醒旅游者在娱乐场所不要使用明火、不要乱扔烟头等。

2. 熟悉安全逃生路线

旅游从业人员要熟悉娱乐场所或游乐场所的安全逃生路线，准确掌握安全出口的位置以及灭火器材放置的情况，并告知旅游者。

3. 加强消防安全培训和安全演练

加强从业人员消防安全思想、消防安全知识、消防安全技能的培训。定期开展消防安全演练，熟知消防安全事故处理流程和处理办法。

4. 树立消防安全意识

旅游从业人员要提醒旅游者遵守消防安全要求，不携带易燃易爆物品、违禁物品进入娱乐场所或游乐场所。

案例 6-1

发生意外事故，旅游者质疑安全防范措施

2019 年 11 月 2 日晚上，颇受旅游者欢迎的某景区再次遭遇意外事故。

据目击者介绍，火灾事故发生在 2 日晚上 8 点 10 分左右。发生火灾的游艺设备为摇摆伞，目击者拨打了火警电话，现场的工作人员拿着灭火器赶来救火。消防部门接报后立即赶到现场展开扑救。大火扑灭后，整台游艺设备已被烧得面目全非，所幸并未造成人员伤亡，也未殃及周边其他游艺设备。

作为一座颇受欢迎的游乐园，园方应该把旅游者的人身安全放在第一位。游乐场是孩子们最喜欢去的地方之一，为了让家长放心，也为了表示对旅游者负责，园方应该公开事故原因，并正视自己的问题，避免再度发生意外。

【分析要点】

2018 年国家标准《大型游乐设施安全规范》正式实施，该规定对游乐场所的规划建设、备案登记、安全管理及法律责任做出了详细规定。

大型刺激类的机械游乐设施要由相关部门定期进行检测、维护、维修工作，操作人员要注意安全操作规程。每天开业前，工作人员必须对设备进行必要的各种检测和检查，一切指标安全后，才能投入使用。此外，周检、月检、年检都是游乐园的规定动作。

（资料来源：2019 年 11 月 4 日《劳动报》）

（二）治安、刑事等突发事件的防范

治安、刑事等突发事件主要包括打架斗殴、醉酒闹事、抢劫、盗窃、黄赌毒等。旅游从业人员在带领旅游团参观游览时，要善于观察娱乐场所的环境，提高警惕，做好防范，避免对旅游者造成伤害。如果遇到治安、刑事等突发事件，旅游从业人员要沉着冷静，做好有效措施，最大限度地减少损失。

1. 做好提醒工作

旅游从业人员要始终和旅游者在一起，随时注意观察周围的环境，发现附近有可疑人员或人多拥挤时，要提醒旅游者，提高警惕，防止治安、刑事等突发事件的发生。

2. 加强安全培训和安全演练

旅游从业人员要加强安全知识和安全技能培训，定期开展安全演练，熟知治安、刑事等突发事件的处理流程和处理办法。

3. 树立安全意识

旅游从业人员要提醒旅游者注意保管财物、保持足够的警惕，树立安全意识。

（三）游乐设施安全事故的防范

游乐设施是指游乐园（场）中采用沿轨道运动、回转运动、吊挂回转、场地上运动、室内定制式运动等方式，承载旅游者游乐的现代机械设施组合，如滑行车、观览车、碰碰车、光电打靶等。

由于游乐设施的特殊性，一些大型综合、惊险的设施可能存在危及人身安全的隐患，如不加强管理，就可能造成严重的事故。除游乐设施运营使用单位加强安全管理之外，旅游者自身也应增强自我保护意识，最大限度地减少安全事故的发生。

1. 做好日常检查维护

游乐设施设备按要求定期维修、保养，及时检测设备的运行状态。有一定危险性的游乐设施，在每日运营前要例行安全检查和试运行，并详细记录运行状态，保证游乐设备处于良好的安全状态。

2. 做好提醒工作

在乘坐游乐项目时，旅游从业人员必须向旅游者讲解安全须知。提醒旅游者系好安全带，扣好锁紧装置，检查安全带或安全压杠是否系好或压好。对有反转、剧烈碰撞等形式的游乐项目，旅游从业人员必须提醒旅游者按照要求，将挎包、背包等交给工作人员暂时保管，眼镜、钥匙等物品要提前取掉，以免损坏物品或伤及身体。

3. 树立安全意识

旅游从业人员要提醒旅游者各类游乐项目的安全常识、操作程序和相关要求，树立安全意识。

案例 6-2

安全第一、预防为主

2019 年 2 月，某景区游乐场的旋转升降飞机上升到一半时忽然发出刺耳的吱吱嘎嘎的声音，离顶端还有数十厘米时忽然一阵颤抖，顶上一根几十厘米长的铁杆突然砸落在地上。忽然，飞机往下滑坠了数十厘米猛然止住，空中、地面上同时响起恐慌的惊叫。随后，六位旅游者被困 20 米高空长达两个半小时，在消防队员的援助下方才脱险。

次日，当地质量技术监督局的工作人员对事故原因进行调查分析，初步认定原因属于旋转飞机电机控制方面的问题，且这套设备也从未得到检测部门的认可就投入了运行。

【分析要点】

2018 年国家标准《大型游乐设施安全规范》正式实施。该规定，对游乐场所的规划建设、备案登记、安全管理及法律责任作出了详细规定。

《大型游乐设施安全规范》中要求，每项游艺机和游乐设施的入口处要有安全保护说明和警示，每次运行前应当对乘坐游人的安全防护加以检查确认，操作维修人员应持证上岗；严禁使用检修或者检验不合格及超过使用期限的游艺机和游乐设施。

（资料来源：北方网 .http：//www.enorth.com.cn）

（四）其他意外事故的防范

其他意外事故是指，旅游者在娱乐场所和游乐场所，如游泳池、戏水乐园、健身房等参加活动时所发生的意外事故。主要包括：在游泳池溺水身亡、突发疾病、运动扭伤摔伤等。娱乐场所和游乐场所的从业人员应做好应对其他意外事故的安全防范，具体措施如下：

1. 加强质量管理和维修保养

旅游从业人员应加强对游泳池、水上设备的质量管理和维修保养，在相关区域配备有资质的救生员，加强安全巡视；运动量较大的健身项目，应加强操作提示并做好保护措施等。

2. 做好提醒工作

在娱乐场所和游乐场所时，旅游从业人员要始终和旅游者在一起，时刻提高警惕，注意观察周围的环境，发现安全隐患，及时提醒旅游者。

3. 加强安全培训和安全演练

加强从业人员的安全知识和安全技能培训。旅游从业人员应定期开展安全演练，熟知各类意外事故处理流程和处理办法。

4. 树立安全意识

旅游从业人员要提醒旅游者时刻保持警惕，树立安全意识。

第三节　常见旅游娱乐安全事故的应对

常见的旅游娱乐安全事故主要有消防安全事故、治安刑事突发事件、游乐设施安全事故和其他意外事故。在安全事故诱发的第一时间，采取必要的应对措施能最大限度地降低和避免人员伤亡和财产损失。

一、消防安全事故的应对

娱乐场所或游乐场所若发生火灾，旅游从业人员需引导旅游者进行自救，并处理好后续工作。具体应对措施如下：

（一）娱乐场所火灾的应对

1. 立即报警

发生火灾时，旅游从业人员要立即报警。报警时，要讲清楚火灾的具体地点、燃烧物质、火势大小，以及报警人的姓名、身份和联系电话。

2. 迅速撤退

得知发生火灾时，要立即通知旅游者，带领旅游者从安全通道有序逃生，逃生原则是“先救人，后救物”。不要把宝贵的逃生时间浪费在搬离贵重物品上。

3. 引导自救

被困火场时，旅游从业人员要引导旅游者进行自救，等待救援人员到来。

（1）穿过浓烟时。逃生需要穿过浓烟时，要用水打湿毛巾或衣物等蒙住口鼻，匍匐撤离。穿过烟火封锁区时，如果有条件，要佩戴防毒面具、头盔、阻燃隔热服等，如果没有这些护具，可以向头部、身上浇冷水或用湿毛巾、湿棉被等披在身上，包裹好头部，再冲出去。

（2）被困房间内时。大火封门无法出去时，要关紧迎火的门窗，用湿毛巾或湿布塞住门缝，防止烟火渗入房间内。同时，打开背火的门窗，等待救援人员前来营救。

（3）身上着火时。如果发现自己身上着火了，千万不要乱叫乱跑或用手拍打，因为奔跑或拍打会形成风势，加速氧气的补充，使火势更旺。应该脱掉衣物或就地打滚，压灭火苗，或者用灭火器、水、沙子等灭火。

（4）缓降逃生时。如果身处高处，需要滑落低处逃生时，要利用身边的绳索或者用床单、窗帘、衣物等自制简易的救生绳索，用水打湿后，将一头固定牢固，然后将绳索顺下去，沿着绳索滑到地面或低处，安全逃生。居于高层楼房时，切忌盲目跳楼。

（5）发出救援信号。等待救援时，可以在显眼位置挥动色彩鲜艳的衣物，发出求救信号，以便消防人员准确判断救援位置。

4. 救治伤员

旅游者获救后，应协助抢救受伤者，将伤者送往医院进行救治。如果有死亡，则按照旅游者死亡的有关规定进行处理。

5. 做好善后处理工作

旅游从业人员要安抚旅游者情绪，协助旅游者解决因火灾造成的生活方面的困难。如果是旅游团，发生火灾事故后，导游人员需向旅行社报告，请求派人协助处理。同时，写出本次火灾事故的书面报告，向旅行社进行详细汇报。火灾报告包括：火灾的起因、地点、时间、过程、伤亡情况、救治情况、事故责任、处理结果及伤亡人员家属反馈等。

（二）游乐设施火灾的应对

1. 立即报警

发生火灾时，旅游从业人员要立即报警。报警时，要讲清楚火灾的具体地点、燃烧物质、火势大小，以及报警人的姓名、身份和联系电话。

2. 尽快逃离

在户外遭遇火灾，应尽力保持镇静，尽快安全逃离游乐设施。

3. 被困突围

一旦被困着火区域，应当使用沾湿的毛巾、衣物遮住口鼻，防止高温、烟熏和一氧化碳等的伤害。在危急时刻，应选择火势较弱处用湿衣物盖住头部，快速冲出火场。

4. 救治伤员

旅游者获救后，应协助抢救受伤者，将伤者送往医院进行救治。如果有死亡，则按照旅游者死亡的有关规定进行处理。

5. 做好善后处理工作

旅游从业人员要安抚旅游者情绪，协助旅游者解决因火灾造成的生活方面的困难。如果是旅游团，发生火灾事故后，导游人员需向旅行社报告，请求派人协助处理。同时，写出本次火灾事故的书面报告，向旅行社进行详细汇报。火灾报告包括：火灾的起因、地点、时间、过程、伤亡情况、救治情况、事故责任、处理结果及伤亡人员家属反馈等。

二、治安、刑事等突发事件的应对

旅游者参加旅游活动时，娱乐场所或游乐场所发生打架斗殴、抢劫、盗窃、闹事等治安刑事案件，旅游从业人员需沉着冷静，采取有效措施，并保护好旅游者的人身和财产安全。具体应对措施如下：

（一）打架、斗殴的应对

1. 立即劝阻

如果是旅游者之间发生打架、斗殴事件，旅游从业人员可请团队领队出面协调，劝阻双方离开现场，缓解矛盾，防止事态扩大。

2. 及时报警

如果劝阻无效，事态严重，需及时向公安机关报警，请求处理。

3. 组织抢救

如果旅游者受伤，立即组织抢救，将伤者送到医院进行救治。

4. 做好善后处理工作

旅游从业人员要安抚旅游者情绪，处理好受害者的索赔事宜。如果是旅游团，导游人员需将事情发生的经过、处理结果等写出事故报告，向旅行社汇报。

（二）遇到犯罪分子抢劫的应对

1. 保护旅游者

如果遇到犯罪分子行凶、抢劫，旅游从业人员要挺身而出，保护旅游者的人身和财产安全。

2. 立即报警

立即向公安机关报警，请求帮助。如果罪犯已逃脱，要积极协助公安机关破案。

3. 组织抢救

如果有旅游者受伤，要立即抢救，并将伤者送往医院救治。

4. 做好善后处理工作

旅游从业人员要安抚旅游者情绪，处理好受害者的索赔等事宜。如果是旅游团，导游人员需将事情发生的经过、处理结果等写出事故报告，向旅行社汇报。

三、游乐设施安全事故的应对

旅游者参加旅游活动时，游乐设施出现碰撞、断裂、坠落、脱轨等故障，旅游从业人员需沉着冷静，采取有效措施，并保护好旅游者的人身和财产安全。具体应对措施如下：

1. 立即通知工作人员

在游乐设备发生故障时，要立即通知游乐场所的工作人员，采取有效措施，把事故造成的损失降到最低。

2. 迅速撤退

要立即通知全体旅游者，从安全通道有序离开。

3. 组织抢救

如果有旅游者受伤，要联系游乐场所的工作人员，立即将伤者送往医院救治。

4. 做好善后处理工作

旅游从业人员要安抚旅游者情绪，处理好受伤者的索赔等事宜。如果是旅游团，导游人员需将事情发生的经过、处理结果等写出事故报告，向旅行社汇报。

案例 6-3

“环形过山车”旅游者高空滞留事故

2020 年 6 月，某景区环形过山车游乐项目中，载有 11 名旅游者的列车在回站前最后一次冲上提升塔架刹车段时，未按正常流程回站，滞留在刹车段，同时主控面板故障。在此情况下，操作人员立即按下急停开关，并启动了应急救援措施，请求消防支援。

接事故报告后，公安、消防、卫生质检、旅游、安检等部门立即启动突发事件应急救援预案，组织抢险救援和应急处置，紧急调来大型云梯车和救援车。通过近 3 个小时的救援，11 名旅游者全部安全返回地面。

经查，造成列车滞留的直接原因是：传感器故障导致控制系统无法判断车型方向，系统保护将车停在提升塔架顶部刹车段。该景区建立了紧急救援预案，平时也对预案进行了应急演练。

【分析要点】

按照《大型游乐设施安全规范》，游乐园必须依法规划、建设、运营和管理。游乐设施的经营使用单位应完善各种应急预案，对预案进行反复演练，对演练的效果进行认真评估，并根据演练效果，及时修订、完善应急预案。

（资料来源：2020 年 6 月 23 日《扬子晚报》）

四、其他意外事故的应对

旅游者在娱乐场所和游乐场所参加旅游活动时，发生意外事故，旅游从业人员需沉着冷静，采取有效措施，并保护好旅游者的人身和财产安全。具体应对措施如下：

1. 立即通知工作人员

旅游者在娱乐场所或游乐场所发生意外事故时，要立即通知工作人员。采取有效措施，把事故造成的损失降到最低。

2. 组织抢救

如果有旅游者发生意外并受伤，要联系工作人员，立即将伤者送往医院救治。

3. 做好善后处理工作

旅游从业人员要安抚旅游者情绪，处理好受伤者的索赔等事宜。如果是旅游团，导游人员需将事情发生的经过、处理结果等写出事故报告，向旅行社汇报。

本章小结

本章对旅游娱乐安全进行分析总结，针对旅游娱乐活动中较为常见的安全事故进行列举说明，提出有效的防范措施和应对方法，具有较强的操作性和指导性。

思考与练习

一、练一练

1.（　　）不属于游乐设施安全事故的原因。

A. 游乐设施的生产和运行管理不规范

B. 游乐设施维护不及时或存在安全隐患

C. 导游人员工作的疏忽

D. 游乐设施维护监管不到位和操作不当

2. 旅游娱乐过程中，发生火灾后，救援的原则是（　　）。

A. 先救人，后救物　　B. 先救物，后救人

C. 先灭火，后救人　　D. 先救人，后灭火

3. 娱乐场所发生火灾，逃生时需要穿过浓烟时，要用（　　）蒙住口鼻，匍匐撤离。

A. 湿毛巾或衣物　　B. 干毛巾

C. 棉被　　D. 塑料袋

4. 发生火灾时，旅游从业人员需牢记火警电话（　　）。

A. 110　　B. 119　　C. 120　　D. 122

5.（　　）不属于旅游娱乐的治安事故的范畴。

A. 行凶　　B. 诈骗　　C. 打架斗殴　　D. 中毒

二、安全小课堂

参考答案

1. 简述旅游娱乐安全的重要性。

2. 在娱乐场所，应该如何防范消防安全事故的发生？

3. 娱乐场所的治安事故应该如何防范？

4. 导游带领旅游者在游乐场所时，应该如何防范游乐设施安全事故的发生？

5. 在娱乐场所，发生打架斗殴事件应该如何应对？

三、情景训练

组织学生模拟导游带领旅游者在上海迪士尼参观游览时，突遇游乐设施发生故障，旅游者被困空中转椅。发生此类游乐设施安全事故，导游应如何处理。

学生要分角色进行，角色包括地陪导游人员、工作人员、旅游者等。演练发生旅游娱乐安全事故时，地陪导游人员、工作人员的应对和正确做法。

参考文献

[1] 孔邦杰编著 . 旅游安全管理（第三版）[M]. 上海：上海人民出版社，2019.

[2] 朱红新 . 旅游安全机制管理体制研究 [D]. 南京农业大学，2007.

[3] 郑向敏，卢昌崇 . 论我国旅游安全保障体系的构建 [J]. 东北财经大学学报 .2003（11）.

第七章

户外旅游活动安全防范与应对

本章重点

户外旅游是指包含登山、野营、攀岩、滑雪、漂流、潜水、飞行等在内，注重体验和感受的旅游与运动休闲的集合。但因游客安全意识薄弱、场所管理不规范等，时常发生安全事故。本章从山地类、水域类以及飞行类户外旅游活动的安全事故防范与应对出发，对户外旅游活动中的安全事故进行分析总结，提出行之有效的防范措施和应对方法。

学习要求

熟悉并掌握山地类、水域类及飞行类户外旅游活动过程中可能出现的各种安全事故的防范措施和应对方法，提高旅游安全意识，确保户外旅游活动的顺利开展。

本章思维导图

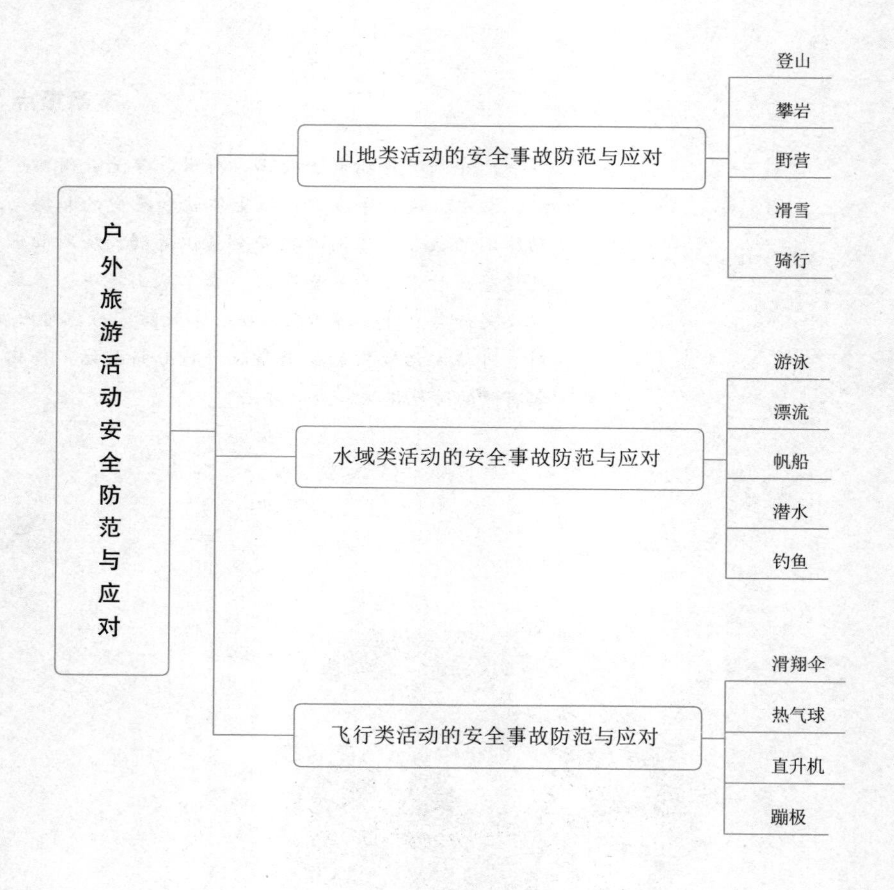

第一节　山地类活动的安全事故防范与应对

山地类户外旅游活动包括登山、攀岩、野营、滑雪、骑行等。山地因其优美的自然风光、独特的地质地貌成为游客户外旅游的理想选择。通过与自然的深度接触，达到放松心情、锻炼体魄的效果。但山地地形复杂、天气多变，意外事故随时都可能发生。

一、登山

我国自古就有重阳登高的习俗。东晋诗人谢灵运为了方便登高，自制了一种前后装有铁齿的木屐，上山时去掉前齿，下山时去掉后齿，人称“谢公屐”。登山是一项有益于身心健康的活动，可调节人的紧张情绪、帮助释放心理压力，有效改善生理和心理状态，从而使人能够精力充沛地投入到工作中。登山过程中难免会经过一些危险区域，或出现突发状况，这就需要提前做好防范工作。

图 7-1　户外登山尤其要注意安全

（一）登山活动的安全事故防范

1. 做好登山前的准备工作

（1）了解攀登山峰的基本情况，设计登山线路

登山前了解山峰的基本情况如地形、高度、气候等，以此为依据设计详

细的登山路线。选择路线时，首先要考虑安全问题，根据游客的具体情况选择路线难度。对于初级的登山者，应从轻松的路线开始，再一步一步地进阶。刚开始可能只是近郊的海拔几百米、铺就安全步道的低山。随着身体运动能力的提高、登山经验的丰富和登山技能的提高，就可以走得更远、登得更高，从而感受更多登山的乐趣和美好。同时，合理安排行程时间，尽早出发，避免天黑下山。

（2）注意天气变化，选择合适的登山服装

登山前了解目的地的天气变化，提醒游客选择合适的鞋子、衣服。登山鞋是所有登山装备中最优先考虑购买的装备。选购时着重考虑其用途、重量和抗水性，不宜穿皮鞋、凉鞋和高跟鞋。登山服装的选择遵从保暖、舒适、保护的原则，通常是三层式穿法。里层服装维持皮肤表层温度，选择贴身、舒适且不紧绷的衣物；中层服装主要提供保暖功能，选择时应以保暖、舒适为主；外层服装隔绝冷、热，提供防风、防水的保护功能，应以方便活动、容易穿脱为原则。

若有暴雨、暴雪、大风、滑坡、泥石流等气象及地质灾害预警，则应取消或推迟登山计划。

（3）辅助工具的准备

除衣物、登山鞋外，还应准备辅助登山工具，如指北针、地图、绳索、手杖、挂扣；生活用品，如多用途工具刀、雨具、水壶、小型背包、手电筒等；补充体能的食物，如压缩饼干、维生素、功能性饮料等；医药装备，如消炎药、绷带等。以上物品的选择可根据具体情况适当调整。

2. 告知游客登山基本技巧

（1）做好充分的热身。正式爬山前，让肌肉、关节、韧带等得到拉伸，达到良好的预热状态。

（2）减少负重。登山本身就是一件耗费体力的运动，因此要量力而行。一般情况下负重不超过体重的1/4，下山负重也尽量不要超过体重的1/3。

（3）登山时上身自然放松，微微前倾。两膝自然弯曲，步伐要小，双臂配合双腿协调摆动。下山时身体重心偏后并适当降低，前脚站好再转移重心。下山速度不宜过快，注意保护膝盖。

3. 提醒游客遵守登山安全守则

准备充足的水和食物，以免意外情况发生；登山时不要边走边拍照，边走边观景；注意保持通信工具畅通，储备应急电量直至活动结束；至少两人同行，避免单独行动，落单最容易发生意外；登山期间，应留意身体的变化，适时休息。如不适或受伤，应及时告知同伴；途中留意同伴情况，危险地段互相提醒或协助通过；山区注意森林防火，切勿乱丢烟蒂，避免引起山火。

4. 及时清点队伍人数

登山途中，要注意及时清点队伍人数，预防走丢。游客人数较多的情况下，旅游从业人员可将队伍分成多支小分队。每个小分队设置一名队长，协助清点队伍人数。休息时及休息结束后重新开始登山时均需清点人数，确保团队成员始终在一起。

（二）登山活动的安全事故应对

1. 外伤的应对

（1）扭伤

扭伤常发生在腰、颈、脚踝及手腕等处。扭伤后无论轻重，不能胡乱按摩。扭伤的一般处置原则是固定受伤部位，用冷湿布敷盖患处。若出现脱臼的情况，应立即送往医院治疗。

（2）刺伤

被异物刺伤时，需要清除异物，减少伤口感染。可反复冲洗伤口，消毒伤口周围皮肤，用经过消毒的针将异物挑出，消毒后包扎伤口。若伤口较深，无法挑出异物，则应停止登山活动，将其送往医院治疗。被不洁物刺伤要预防破伤风的发生，应及时前往医院注射破伤风抗毒素。

2. 迷路的应对

发现迷路时，旅游从业人员应保持冷静，不要慌张。不要埋怨队友，不要互相指责。打开手机导航软件，尝试利用导航寻找正确道路。如果无法回到正确的道路，则应该报警求助，并在迷路点附近寻找开阔地带，等待救援。在等待过程中，关注游客的身体状况，安抚游客的情绪。同时，节约手机电池电量，避免电量耗尽无法与外界保持联系的情况发生。若待援时间较长，做好保暖措施以避免失温，严重失温甚至有生命危险。

案例 7-1

登山迷路

2020 年 12 月 13 日下午，五名登山者在某景区进行户外徒步时，因天寒雪大迷失了方向，请求救援。

当地景区管委会接到报告后，立即启动应急机制，迅速组织相关部门开展救援工作。因地形复杂、积雪较厚，救援人员到达现场时，发现两名被困人员，一名冻伤，一名已失去生命体征。其余被困人员也在随后赶来的救援队的帮助下找到，但已失去生命体征。受冻伤的登山者被送至当地市人民医院，接受冻伤治疗。

请分析：户外登山时，如何预防安全事故的发生？

【分析要点】

户外登山应注意天气变化。冬季天气恶劣、气温极低，容易发生迷路导致伤亡的意外事故，不宜进行户外活动。如果发生被困、迷路等事件，请及时拨打电话求助。

（资料来源：搜狐网．驴友台顶受困景区全力救援．https：//www.sohu.com/a/440235011_681621）

二、攀岩

攀岩是一项在天然岩壁或人工岩壁上进行的向上攀爬的运动项目，通常被归类为极限运动。攀岩运动要求在各种高度及不同角度的岩壁上，连续完成转身、引体向上、腾挪甚至跳跃等惊险动作，集健身、娱乐、竞技于一身，被称为“峭壁上的芭蕾”。攀岩运动根据场地类型可分为自然岩壁攀岩和人工岩壁攀岩。

图 7–2　运动员在桂林的悬崖上攀岩

（一）攀岩活动的安全事故防范

1. 建立安全保障体系

制定完善的安全管理制度，建立高效的安全管理机构，做好突发事件应急预案，设置急救室，配备专用急救器材。完善攀岩设备的安全管理规范、操作规程，严格按照安全管理制度和操作规程开展活动，定期开展安全检查，加强日常的维护保养。由专业人员定期进行设备安全检测和检验，做好安全记录。

2. 做好提醒工作

（1）自查身体情况

提醒游客自查身体情况。攀岩是一项体力消耗较大的运动，患有心脏病、高血压、癫痫等疾病以及感冒、发烧、身体无力者，均不适宜进行攀岩活动。

（2）热身

提醒游客做好热身运动。运动前的热身及准备活动，可以增加关节灵活度、提高身体各器官组织的功能，使人体更快更平稳地进入运动状态，对人体的保护作用很强，能有效降低事故出现的概率。

3. 加强安全管理

攀岩场所应符合《体育场所开放条件与技术要求》国家标准中攀岩场所应具备的基本条件和基本技术要求。在醒目的位置应有“攀岩人员须知”及必要的安全警示标志。攀岩场所开放期间应该配备足够的攀岩技术指导人员，攀岩技术指导人员及工作人员应持有相应职业资格证书方能上岗。场地开放前，从业人员应对攀岩场地进行清理，做好攀登前的检查工作。

加强游客的安全教育。攀登者安全意识薄弱，对攀登的危险性认识不足是发生意外的很大一部分原因，例如：攀登高岩壁前对保护器和安全带的连接处未认真检查、自我保护意识松懈等。从业人员应提醒游客根据自身情况选择合适的线路，初学者可以选择在已经设置好安全保护点（站）的线路上攀登；还应提醒游客检查攀岩装备，攀岩过程中必须全程戴头盔，攀登时身上不要携带尖锐或坚硬的物品等。

（二）攀岩活动的安全事故应对

1. 出血

攀岩者摔伤导致出血时，先要确认是动脉出血还是静脉出血。动脉出血，颜色鲜艳，呈喷射状；静脉出血呈紫色或暗红色，向四周溢出。动脉出血极其危险，应局部加压包扎并迅速送医入院治疗；静脉出血危险性较小，野外条件下可用水壶中的白开水沾湿纱布清洗伤口、清除异物，用干净毛巾或其他软质布料覆盖伤口，再用布、绷带等棉织品包扎。

2. 骨折

攀岩者发生骨折时，不能盲目给患者进行按摩、冲洗，而应避免继续活动，可用木棍、树枝等对骨折的位置进行固定。若无法找到固定的物品就不要移动伤者，这样能够减少疼痛、出血。紧急处理后迅速拨打急救电话，等待救援。

<<< 案例 7-2 >>>

攀岩者坠落身亡

2018 年 9 月 13 日 10 时，在某景区一名攀岩者突然失足，不幸坠落身亡。逝去的男性年龄在 30 岁左右，独自来攀岩，其攀登的岩壁非常陡峭，目测坡度在 60 度以上。攀岩者攀爬到约 20 米高度时意外发生，从高空掉了下来，砸入山脚下的草丛里。急救人员赶到时，男子已经当场身亡。专业运动攀岩人士称，此处岩壁风化严重，根本不适合开展攀岩活动。

请分析：如何避免攀岩安全事故的发生？

【分析要点】

攀岩场所应符合《体育场所开放条件与技术要求》国家标准中攀岩场所应具备的基本条件和基本技术要求。攀岩场所开放前应做好准备工作，预先对攀岩场地进行清理，做好攀登前的检查工作。

（资料来源：新浪大连 . 驴友攀岩不幸坠落山崖殒命 . http：//dl.sina.com.cn /news/shenghuo/2015-09-14/detail-ifxhupir7093177.shtml）

三、野营

野营是指在野外搭帐篷住宿，度过一个或者多个夜晚。野营原是军事或体育训练的项目，近年来逐渐被引入休闲运动当中。作为一种户外旅游方式，野营被越来越多的人接受。

（一）野营活动的安全事故防范

1. 选择安全的营地

选择营地首先要考虑安全问题。在低海拔地区，虽然危险性较低，但仍需遵循营地选择的基本原则。

（1）避开滚石、泥石流、洪水、雷击等不安全因素

营地上方不能有滚石及风化的岩石。若附近有岩石散落，则放弃在此处扎营；若石块有泥土包裹的痕迹，则有可能是泥石流多发地带，也应避开；

河滩、河床、溪边及川谷地带洪水多发，容易被突如其来的洪水冲走，不宜扎营；山顶及空旷地带雷雨天时容易遭到雷击不宜扎营。

（2）选择背风、日照充足、地面平整的地方扎营

大风不仅会卷走帐篷，做饭取暖也难以实现，可选择小山丘的背风处、林间等地；日照时间较长的地方会使营地更加温暖、干燥，便于晾晒衣物等；营地地面不平整或有杂物可能会损坏野营装备或弄伤人员，同时会影响睡眠质量，可选择地面平整处扎营。

2. 提醒游客做好准备工作

（1）衣物

野营时无论是内衣还是外衣，都要求保暖、宽松、舒适。外衣要选择防风、防撕性能较好且颜色鲜艳的外套，内衣则要以柔软、透气为好。下身最好选择耐磨且宽松的长裤和舒适、防滑的厚底鞋。同时，野外气温会比室内低很多，因此还需准备御寒的衣物。

（2）装备

帐篷、睡袋、睡垫等是野营的必备工具。帐篷是野营的主要宿营方式，睡袋和睡垫可以有效防潮、保暖。购买帐篷、睡袋等设备时，要根据出行环境选择专业的、合适的产品。

（3）饮食

要提前准备足够的饮用水。在野外断水时，慎用天然水源，切勿摘食不认识的植物果实。野营时可选择携带体积小、能量高、重量轻的食物，如饼干、牛肉干、巧克力、火腿肠等。若需用火烹饪食物，还需准备炉具、餐具。

（4）医药包

医药包可以放置一些常用药，如云南白药、创可贴、感冒药、双氧水、纱布、退烧药、止泻药、驱蚊药、雄黄粉等。

此外，还可携带一些必要的应急工具。如多用途工具刀、手电筒、望远镜、哨子、生火工具等。

3. 加强安全管理

野营场地应符合国家和地方对环境和资源保护的要求，不易发生自然灾害，并能保证紧急救援及其他突发事件应对措施的实施。

加强旅游从业人员的安全意识和技能培训。所有从业人员应参加急救常识和技能培训，合格后方能上岗。

加强游客的安全教育，提醒游客野营时要服从团队安排，严禁擅自脱离团队。不私自进行无保护的攀爬、涉水等威胁个人安全的行为；不私自生火，

不在非指定地点生火烧烤，不乱扔烟蒂，撤营时必须将篝火彻底熄灭。

（二）野营活动的安全事故应对

1. 食物中毒

游客野营时若食用野果或野生菌后出现呕吐、恶心、头晕等症状，应立即拨打急救电话，及时送往医院治疗。情况紧急或来不及就医时，可用筷子或手指伸入口腔刺激喉部进行催吐，减少毒物残留。就诊时最好携带剩下的野果或野生菌，便于医生有针对性地进行后续治疗。

2. 感冒咳嗽

游客在海拔较低地区野营时感冒，可口服感冒药，并多喝水以促进新陈代谢。野营结束后若无好转，可去医院治疗；在高海拔地区野营时感冒，若不及时处理，常会引发急性高原肺水肿，则可能会有生命危险。此时需停止野营活动，尽快将病患送往医院治疗。

3. 着火

野营时随意扔掉的烟头、火柴以及未彻底熄灭的篝火等，都有可能引发森林火灾。发生火灾时要保持镇定，不要惊慌。当火势较小时，可用水或树枝等物将火扑灭。火势较大无法控制时，应及时拨打 119 报警电话通知消防部门，准确报告起火位置、火势大小等。除拨打 119 外，还应主动向当地公安部门报告。同时，旅游从业人员应组织游客有序撤离火灾发生地点，安抚游客情绪。撤离时，注意不要向山火蔓延的方向躲避。

<<< 案例 7-3 >>>

野营野炊引火灾

2019 年 12 月 5 日，刘某青携带登山设备，以及打火机、铁锅等物品，在某市郊区附近的一处山腰平地搭建帐篷宿营，并生火煮面。

同月 10 日，刘某青再次来到此处生火煮食，因未及时熄灭篝火余烬，在山风作用下，余烬复燃，并引燃附近山林，刘某青因无力扑救，自行逃离下山。此次事故导致 77 公顷的省一级生态公益林、商品林林地着火并烧毁。当地法院一审宣判：被告人刘某青因失火罪被判处有期徒刑二年，同时判处刘某青赔偿生态林植被恢复费用，共计人民币 3 706 010.72 元。

思考：如何在野营时避免火灾事故的发生？

【分析要点】

加强游客的安全教育，提醒游客露营时不私自生火，不在非指定烧烤地点生火；不乱扔烟蒂，撤营时必须将篝火彻底熄灭。

（资料来源：人民日报．男子登山生火煮面引燃山林．有改写）

四、滑雪

滑雪运动是将滑雪板装在靴底在雪地上进行的体育运动，滑雪时人成站立姿态，手持滑雪杖、脚踏滑雪板在雪面上滑行。滑雪运动作为冬季主要的运动之一，既能给体验者带来精神上的放松，又能锻炼身体。然而，滑雪危险性较高，稍有不慎就会受伤。无论是在滑雪前还是滑雪过程中，都要提高安全意识，避免发生安全事故。

（一）滑雪活动的安全事故防范

1. 建立安全保障体系

制定完善的安全管理制度，建立高效的安全管理机构，做好突发事件应急预案，设置急救室，配备专用急救器材。完善滑雪设备的安全管理规范、操作规程。严格按照安全管理制度和操作规程开展活动，定期开展安全检查，加强日常的维护保养。由专业人员定期进行设备安全检测和检验，做好安全记录。

图 7-3　滑雪爱好者在河北崇礼滑雪场

2. 做好提醒工作

（1）自查身体情况

滑雪是一项刺激的高风险运动，容易在运动过程中对身体造成损伤。以下情况者不宜参加滑雪：患有高度近视、青光眼等眼部疾病患者不宜参加，人在滑雪时运动速度很快，眼部疾病患者可能会因视力障碍而与其他人或障碍物发生冲撞导致受伤；患有骨骼疾病者不宜参加，滑雪时膝关节以及脚踝承受很大的压力，容易拉伤韧带，摔倒导致骨折等；患有心脏病、高血压等疾病者也不适宜进行滑雪活动。

（2）热身

运动前的热身活动，可以增加关节灵活度、提高肌肉温度、提高身体各器官组织的功能，使人体更快更平稳地进入运动状态。热身对人体的保护作用很强，能有效降低运动伤害事故出现的概率。

3. 加强安全管理

滑雪场所应符合《体育场所开放条件与技术要求》国家标准中滑雪场所须具备的基本条件和基本技术要求。滑雪场公共活动区域内的醒目位置应设有“滑雪人员须知”“滑雪者行为与安全守则”和各种滑雪道分布图示。在滑雪道的危险地段要设置安全网、保护垫等安全防护设施，并在明显位置设立警示标识。滑雪教练及其他从业人员应经过培训，取得相应职业资格证书方能上岗。

加强游客的安全教育，提醒游客穿戴滑雪装备，根据自己情况选择相应的滑道。游客应严格遵守滑雪场的安全规定，了解雪道上各种标识的含义及雪场设施的使用注意事项，这样才能在保证安全的情况下，尽情享受滑雪的乐趣。初学者应向滑雪教练学习基本技巧，根据自身情况选择雪质好、坡度较平缓、滑雪道宽的滑道。

（二）滑雪活动的安全事故应对

1. 雪崩

雪崩发生时，旅游从业人员应保持冷静，不要慌张。发现游客被卷走，一定要注意游客的位置，在雪崩停止以后立即组织救援人员寻找被掩埋者。救出游客后，应立即清除其口鼻中的异物，保持呼吸道的畅通。必要时，可对其进行心肺复苏，并拨打急救电话，及时送往医院治疗。

2. 雪盲症

雪盲症是一种比较常见的眼部疾病，患者通常表现为疼痛、眼睑红肿、流眼泪、睁不开眼睛、有剧烈的异物感等。游客若出现上述情况，应立即用清洁的水冲洗眼睛，戴上护目镜。佩戴隐形眼镜者应摘除隐形眼镜，减少用眼。

3. 摔伤

滑雪的过程中冲撞和摔倒都有可能引起骨折，游客摔伤后应立即停止运动。若有出血，可用清洁的纱布、布片压迫止血，再以宽绷带缠绕固定，要适当用力但又不能过紧。从业人员为伤者处理完伤口之后，还要临时固定伤肢。最好选用夹板，也可就地取材，用木棍、树枝等代替，同时尽量减少移动受伤者，等待专业救援人员前来救援。

4. 冻伤

人体在低温环境下停留过久，可能会导致冻伤。冻伤多发生在身体暴露在外的部位和身体的末梢部位，如手、脚、耳朵、面部等处。冻伤前期会表现为皮肤发红、发紫或肿胀，严重时会出现皮肤变为黑色、感觉消失等。未得到及时救治或病情严重的患者会出现肢体坏死，甚至死亡。若游客只是轻度冻伤，可将冻伤部位浸泡在 38℃ ~42℃的水中，直到冻伤部位红润柔软。若游客冻伤情况较严重，应该立即送往医院治疗。

案例 7-4

滑雪场未装安全护栏导致滑雪者冲出滑道

2019 年某滑雪场，从未学过滑雪的刘某和朋友一起在滑雪场初学滑道上练习滑雪，而初学滑道未安装任何安全护栏以及其他防护设施，导致刘某失控冲出滑道撞进一旁的树林，最终刘某因伤势过重抢救无效死亡。

请分析：如何避免发生这样的意外事故？

【分析要点】

滑雪场所应符合《体育场所开放条件与技术要求》国家标准中滑雪场所须具备的基本条件和基本技术要求；在滑雪道的危险地段设有安全网、保护垫等安全防护设施，并在明显位置设立警示标识。

五、骑行

骑行是一种非常健康的户外休闲旅游方式，只需一辆单车就可充分享受自然之美，简单又环保。

（一）骑行活动的安全事故防范

1. 告知游客穿戴防护装备

骑行必须穿戴安全防护装备（骑行服装、头盔、骑行眼镜、绑腿带、手套等），防止因意外造成身体伤害。骑行服装可以提高舒适度和安全度；头盔能在骑行者发生意外时缓冲头部的冲击力，达到保护头部的目的；骑行眼镜使骑行者保持视野清晰，阻挡异物；骑行手套吸汗、防滑、减震，可最大限度地缓解运动对腕关节的压迫，保护腕关节。

图 7–4　户外骑行必须做好安全防护

2. 做好准备工作

（1）提醒游客熟悉路线

骑行活动前，提醒游客熟悉骑行的路线，了解线路的基本情况，以便对弯道、陡坡及补给站的位置做到心中有数。

（2）准备补给站物品

骑行过程中人体的能量消耗较大，因此必须定时补充水分与能量。能量棒、能量胶以及功能性饮料是长距离骑行必需的补给。同时，骑行过程中车辆可能会出现故障导致骑行活动无法继续进行，因此，也应准备车辆维修的工具、润滑油等物品。另外，还可准备一些常用药品，如藿香正气水、消毒药水、云南白药等。

3. 加强安全管理

对骑行设备进行必要的安全检查，能有效避免因设备故障造成的安全事故。仔细检查车辆轮胎有无破损，胎压是否合适，刹车性能是否良好，车架有无裂痕及链条是否有问题等，以保证骑行活动的顺利完成。骑行活动结束后，从业人员应定期对车辆进行保养，包括检查轮胎气压、给链条上专用润滑油及清洁车身等。

加强游客安全管理，提醒游客遵守交通规则，文明骑行。骑行中要严格遵守交通规则：严禁闯红灯、逆行；严禁与车辆及行人抢道；带病、带伤、酒后严禁骑行；不得双手离开把手；不得大幅度摆动车辆；无紧急状况，不得急刹车；不得突然变线；骑行时尽量不要戴耳机听歌；不要接打电话或发信息；不得随意抛撒物品、吐痰等。骑行人员要养成良好的行车习惯，树立严格的法律意识，确保行车安全。

（二）骑行活动的安全事故应对

1. 交通事故

交通事故发生后，旅游从业人员应立即报案，保护现场并及时拨打 120，将伤者送往医院。公安交通管理部门受理案件后，会立即派交警赶赴现场，抢救伤者和财产，勘查现场，收集证据。在查清交通事故事实的基础上，公安交通管理部门根据事故当事人的违章行为与交通事故的因果关系、作用大小等，对当事人的交通事故责任做出认定，并依据有关规定，对肇事责任人予以相应的处罚。若事故无人员伤亡，双方车损也不大，在没有异议的情况下，可自行协商处理，撤离现场，恢复交通。

2. 中暑

骑行过程中要时刻注意游客身体变化。当游客出现不适症状如恶心、头晕、四肢无力时，应马上停止骑行，及时将其转移到阴凉通风处，适当补充水和盐分，脱掉中暑者衣物促进散热，短时间内即可恢复；如果上述症状加重，游客的体温升高到 38℃以上，面色潮红或苍白，大量出汗、血压下降等，服用清热解毒的药物（如藿香正气水），休息几个小时后症状会有所缓解；重度中暑时，应立即送往医院治疗。

案例 7-5

骑行闯红灯致受伤

2018 年 7 月 12 日 17 时 35 分许，黄某一行人骑自行车前往某景区。途中，黄某违反交通信号通行规定，沿朝阳新路由东向西闯红灯横过大件路时，与沿大件路由北向南行驶至此的由刘某驾驶的长城牌小型客车相撞，随后自行车飞出，又与停车正在等待左转弯红灯信号的小型客车相撞，造成黄某受伤、三车受损。经初步调查认定，黄某骑自行车闯红灯违法是造成事故的原因之一，将承担本起事故的一定责任。

请分析：户外骑行有哪些注意事项?

【分析要点】

骑行要严格遵守道路交通规则：不闯红灯、不在机动车或人行道上行驶。

（资料来源：哈尔滨新闻网.单车违法交通事故案例.https：//baijiahao.baidu.com//s?id=1668498456953110183&wfr=spider&for=pc）

第二节　水域类活动的安全事故防范与应对

水域类户外旅游活动包括游泳、漂流、帆船、潜水、钓鱼等，具有很强的参与性和挑战性，深受旅游者喜爱。我国海域辽阔，河湖众多，可广泛开展水域类户外旅游活动。但许多人往往容易忽视户外水域的安全威胁，导致安全事故频发。相关研究也表明，涉水旅游安全事故是我国旅游突发事件中发生概率较高、伤亡总量较大的事故类型。

一、游泳

游泳是人凭借浮力使身体在水中进行有规律运动的技能。经常游泳可以改善心肺功能，促进脂肪的燃烧，保持健康的体型等。夏季是游泳活动进行的高峰期，尤其需要提高安全意识，防止意外事故的发生。

（一）游泳活动的安全事故防范

1. 关注天气变化

进行游泳活动前，了解目的地的天气、水温等情况。若遇雷雨、大风、暴雨等恶劣天气，应取消或中止游泳活动。

2. 做好提醒工作

（1）自查身体情况

提醒游客自查身体情况。游泳是一项体力消耗较大的运动，以下情况均不适合游泳：心脏病、高血压、癫痫等；精神疲倦、感冒、发热、身体无力者；沙眼、中耳炎、肝炎、传染性皮肤病、结膜炎等疾病患者；饭后、酒后、饥饿状态、剧烈运动后；女性经期。

（2）热身

提醒游客游泳前热身。热身能唤醒全身肌肉，让肌肉保持兴奋状态。户外水温一般比体温低，充分热身可以避免肌肉抽筋或拉伤，通过扭转拉伸等动作，能有效预防运动带给身体的伤害。下水前还可以先用凉水拍打身体及四肢，对水温逐渐适应后再下水。

（3）注意游泳卫生

提醒游客注意游泳卫生。游泳前佩戴游泳眼镜，预防眼睛感染；耳朵易感染者需戴上耳塞，以免诱发中耳炎；游泳后细菌容易残留，应及时进行冲洗。洗澡后及时将水擦干，穿上衣物，防止感冒。

3. 加强安全管理

旅游经营场所必须配备救生员及救护工具，场所内要按照规定设置相应的安全标志。容易发生危险的位置，应有明显的提醒游客注意的警示标志。

加强旅游从业人员安全教育，增强安全意识。救生员须经过专业培训，持有相应资格证书，熟练掌握游泳及救生技能方可上岗。救生员上岗前佩戴救生员工作证，提前检查救护工具是否完备有效。上岗后时刻关注游客的动态，发现安全隐患及时处理，重大隐患要及时上报。

加强游客的安全教育。旅游从业人员应提醒游客不在“水深危险”“禁止游泳”等警示标志区域内游泳，不到无人看管、无救生员的水域游泳，不独自一人游泳，不明地形或水浅处均不要跳水。

（二）游泳活动的安全事故应对

1. 溺水

发现游客溺水时，旅游从业人员要保持头脑冷静，及时救助，必要时拨打急救电话。若落水地点距离岸边较近，可在岸边将救生圈、竹竿、木板等抛给溺水者，再将其拉至岸边。若距离岸边较远，应快速到岸边距离落水点最近的地方下水。下水后，保持适当的速度向落水者游去。救援时，要保持冷静、找准时机，从溺水者背后靠近，以免被溺水者抱住，延误救援时间甚至危及救护者自身的安全。可用侧泳的方式将溺水者上身托出水面，迅速带其游至岸边。

上岸后，旅游从业人员要清除溺水者口鼻中的污泥，使其呼吸道通畅，确保不会发生窒息。若溺水者心跳停止，应立即进行人工呼吸和胸外按压。可将落水者仰卧于平地上，将双手重叠，掌根放在患者胸骨中下 1/3 处，双肘关节伸直，垂直向下用力按压。成人按压频率为 100~120 次 / 分钟，下压深度 5~6 厘米，每次按压之后应让胸廓完全恢复。按压时间与放松时间各占 50% 左右，放松时掌根不能离开胸壁，以免按压点移位。在医护人员到来之前，要保持现有的抢救手段。

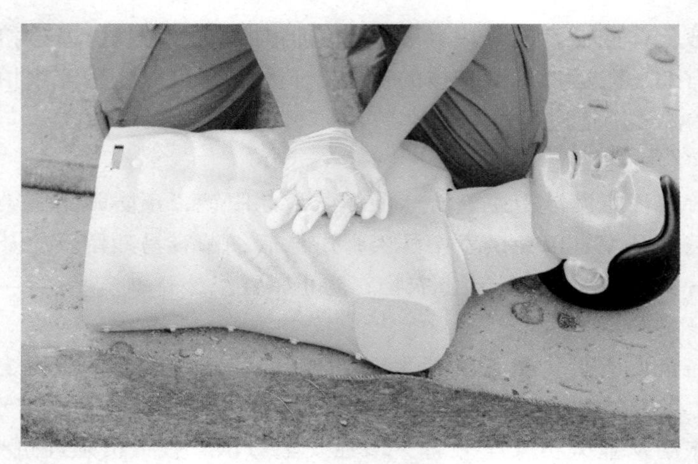

图 7-5　心肺复苏

《《《 案例 7-6 》》》

游泳溺亡

2019 年 7 月 22 日，某市一所中学五名学生相约一起玩。吃完午饭后，五人感觉天气炎热，便商议一起下河游泳。两个胆大的学生未做热身便率先下河，另三人在岸上犹豫。不一会儿，率先下河的两名学生相继在水里挣扎，岸上的三名学生大叫："快救人啊……快救人啊！"其中一人立刻下水救人，反被溺水者拖入险境。最终等附近村民赶来时，这三名学生已经被河水吞没。

请分析：此次安全事故发生的原因？

【分析要点】

游泳前要做热身活动。不贸然前去救溺水者，不到无人看管、无救生员的水域游泳。

二、漂流

漂流活动最初起源于中国的竹木筏和因纽特人的皮船，"二战"之后才开始发展成为户外运动。一些喜欢惊险刺激的人把从军队退役的充气橡皮艇作为漂流工具，逐渐演变成今天的水上漂流运动。国内较为多见的漂流项目主要有橡皮艇漂流、竹筏漂流、黄河（甘肃、陕西段）羊皮筏漂流、龙舟漂流等。

（一）漂流活动的安全事故防范

1. 建立安全保障体系

制定完善的安全管理制度，建立高效的安全管理机构，做好安全事故应急预案，设置急救室，配备专用急救器材。完善漂流设备的安全管理规范、操作规程，严格按照安全管理制度和操作规程开展活动，定期开展安全检查，做好安全记录。

图 7-6 河谷漂流在许多景区都有开展

2. 关注天气变化

若目的地发生洪水、暴雨、泥石流、地震、塌方等威胁人身安全的情况，应取消或终止漂流活动，尽快前往安全地点避险。

3. 做好提醒工作

（1）自查身体情况

提醒游客自查身体情况。患有心脏病、高血压、癫痫等病症不宜参加漂流；老人、小孩、残疾人、孕妇等特殊群体均不宜参加漂流。

（2）准备工作

提醒游客尽量穿着简单、防晒、易干的长衣长裤；准备衣服一套，以便上岸后更换；不要戴隐形眼镜，避免造成感染；保管好自己的贵重物品，例如数码相机、手机、首饰、钱包等，最好将物品寄存到漂流点的物品寄存处，防止漂流时物品落水，也可事先用塑料袋包好，以免淋湿。

4. 加强安全管理

漂流的河段河况一般比较复杂，其水流湍急、落差大、河道曲折，危险性较高。因此漂流场所经营者要加强漂流场地的管理，完善保护措施。在危险地段要设置安全护栏及相应的安全警示标志，配备必要的急救设备和医护人员。同时，加强旅游从业人员的安全教育，上岗前应进行专业培训，考核合格后持证上岗。

加强游客的安全教育。漂流活动前，旅游从业人员要认真讲解安全注意事项，提醒游客：穿好救生衣，戴好安全帽，漂流途中严禁脱下安全帽和救生衣；在漂流的过程中，注意沿途的箭头及标语提示，对于可能面临的情况做到心中有数；下急流时，听从指挥，抓住艇身内侧的安全绳套，保持艇身平衡并与河道平行，自然顺流而下；过险滩时应双手抓住艇上安全绳套，降低重心，身体前倾；不互相打闹，不去抓水中的漂浮物和岸边的草木石头，不站立在艇上；不将手脚伸出漂流船外，更不可私自下船游泳。

（二）漂流活动的安全事故应对

1. 搁浅

漂流河段河况比较复杂，水道变窄、石头密集之处都很容易发生搁浅。搁浅时游客不必慌乱，可双手抓住扶手带，用力让身体腾起，同时用手拉动橡皮艇远离搁浅处；也可用桨抵住石头，用力使艇身离开搁浅处。若仍然无法脱离，则需下水推动艇身重入水流。

2. 落水

游客落水后不要惊慌，救生衣的浮力足以将落水者托浮在水面上。发现游客落水后，旅游从业人员应立即设法营救。若在水流平缓处落水，从业人员可伸出船桨让落水者抓住，帮助落水者回到橡皮艇上；若在急流处落水，因橡皮艇速度较快，从业人员可吹响救生背心上的救生哨子，利用哨声呼叫岸边的救援人员救助落水者。

3. 翻船

翻船是由于橡皮艇艇身受力不均而造成的，一般在碰撞后出现这种情况。因此旅游从业人员要提醒游客，发生碰撞时要抓牢安全绳套，降低重心，使筏身保持平衡；翻船落水时应保持镇定，先将艇身扶正；重新登艇时要注意两侧受力均衡，一侧人员爬上艇时另一侧要有人压住；若水流速度非常快，船上人员不能控制橡皮艇时，要吹响救生衣上的口哨呼叫救援，救助落水游客上岸。

4. 橡皮艇气室破裂

橡皮艇多为高分子材料制作而成，有三个独立气室。在任何一个气室破损时，其他部分仍可保持足够的浮力。如果遇到气室破裂，首先要调整游客位置使艇身保持平衡，气室破裂的位置不要坐人，设法保持橡皮艇稳定并尽快靠岸。

‹‹‹ 案例 7-7 ›››

游客脱掉救生衣擅自下水游泳身亡

2020 年 7 月 8 日，李某、孟某等一行五人结伴去某峡谷景区漂流。李某等人于 10 时起漂，到达终点后，李某、孟某二人脱去救生衣放在橡皮艇上，擅自下水游泳，均意外溺亡。事发后，当地政府高度重视，迅速成立调查工作组，赴现场调查情况，处置善后。

请分析：李某、孟某发生意外事故的原因？

【分析要点】

漂流过程中旅游从业人员务必提醒游客做好安全防范工作，提醒游客要全程穿戴救生衣，不要擅自下水游泳。

（资料来源：潇洒晨报 . 五人结伴漂流意外溺亡 . https：//baijiahao.baidu.com/s?id=1674625411147704211&wfr=spider&for=pc）

三、帆船

帆船运动是由海上贸易和航海探险逐渐演变而来的，是依靠自然风力作用于船帆，由人操作船只行驶的水上体育运动。19 世纪，以娱乐休闲和竞赛为目的的帆船运动逐渐形成。一小部分水手成为海上巡航和出海旅行的先驱。直到第二次世界大战之后，我们所熟知的帆船运动才真正开始。我国帆船运动的发展始于 20 世纪 50 年代。帆船运动是集娱乐、观赏、竞技、探险于一身的水上运动，具有较高的观赏性，因此备受人们喜爱。经常从事帆船运动，能增强体质、锻炼意志。特别是在变幻莫测的气象、水文条件下乘风破浪，更能培养人们挑战自我、战胜自然的拼搏精神。

（一）帆船活动的安全事故防范

1. 关注气象变化

海流、风向、潮汐等因素对航行影响很大。水面平静，船只就不会被迫停下或者偏离航道。海面波浪大，船只会出现摇摆、上下颠簸等情况，不仅会使游客感到不适，还会使驾驶难度变得更大，甚至导致帆船侧翻。

2. 加强安全管理

恶劣天气和船只周围的潜在风险都会对安全造成威胁，因此帆船上必须配备救生艇、救生衣、雾笛、救生器材包等安全设备，船只荷载人数不得超过规定人数。出海前，帆船必须进行船检，检验合格之后方可下海。

加强旅游从业人员的安全教育。帆船驾驶员必须有相应的资格证，并具备熟练的游泳技能和救生技能才能上岗。

加强游客的安全教育。航行时所有船上人员必须穿着救生衣，听从工作人员的指挥。

3. 遵守航行规则

帆船驾驶员必须遵守航行规则。行驶时注意方向，随时准备改变航道，以躲避与其他船只的碰撞和摩擦。

4. 最佳航行方向行驶

逆风行驶和顺风行驶之间存在着巨大差异。顺风行驶时体感温暖，船只也更容易掌控，但帆船会因风力助推摇晃，缺少稳定性。驾驶员可稍微调节桅杆方向，使风从船侧吹过，变成侧风，以缓解船的不稳定情况。逆风行驶时体感较冷，浪花溅起，船只变得难以操纵，而且可能发生倾翻。驾驶员可将风帆收起，能够减少风对船只的影响，改善危险境况。

（二）帆船活动的安全事故应对

1. 落水

游客落水时，帆船驾驶员首先要将船头转向迎风，然后顶风停船，以便尽快寻找落水人员。若落水者与帆船尚有距离，可伸出桨、船钩或者抛出绳索供落水者拉住。救起落水者后，若落水者失去意识，应先清理其气道中的异物，以便其呼吸顺畅。若畅通气道后仍无法自主呼吸，则需要立即实行口对口人工呼吸，以保证不间断地向落水者供氧，防止重要器官因缺氧造成不可逆性损伤。具体操作为：将溺水者仰卧置于地面，捏住落水者鼻孔，同时口对口吹气，以确保气体进入其肺部；吹气后放松捏住鼻孔的手，将脸转向一旁，用耳听是否有气流呼出；然后，再深吸一口新鲜空气为第二次吹气做准备；当落水者呼气完毕后，即开始下一次吹气。若落水者仍未恢复自主呼吸，则需要进行持续吹气。同时，拨打 120 急救电话，及时将落水者送往医院治疗。

2. 船体漏水

当船体漏水时，要先检查水是从何处来。若水是从船外壳或水泵阀门的小漏洞进入，可堵住漏洞；若漏洞太大，必须尽快处理。可堵住洞口，用自动水泵和人工抽水工具抽出进水。一旦发现进水速度快于抽水速度，则应立即弃船，同时迅速给救生艇充气，组织游客登上救生艇。

3. 恶劣天气

遇到大雾、暴雨等恶劣天气时，所有人员都应穿上救生衣、扣好身上的稳定绳。必要时应终止航行，提前靠岸。

案例 7-8

乘船游览时溺水身亡

2019 年 12 月 29 日，两名游客在某海域乘船游览时溺水身亡。据了解，该团在某岛参加名为“落日风帆”的海上项目。涉事游船上约有 15 名游客，由于台风过境，海上风浪过大，造成两名游客落水，落水游客均未穿救生衣。附近船只对落水者实施救援，但被救起时已经身亡。

请分析：如何避免溺水事故的发生？

【分析要点】

注意水上旅游安全，不乘坐没有资质的小型船只出游；乘坐或驾驶帆船必须穿着救生衣；恶劣天气不宜开展帆船活动。

（资料来源：环球网 . 游客在菲律宾薄荷岛遇难 溺水时均未穿救生衣 . https：//baijiahao.baidu.com/s?id=1654345124158349366&wfr=spider&for=pc）

四、潜水

潜水是一种以锻炼身体、休闲娱乐为目的的水下休闲运动，从性质上分为休闲潜水和专业潜水。我们在海滨旅游区见到的大部分是休闲潜水中的体验潜水，即无潜水资格证的人在潜水技术指导人员的陪同和指导下进行的休闲潜水活动。随着人们对潜水活动的兴趣日益增加，进行体验潜水活动的人越来越多。

（一）潜水活动的安全事故防范

1. 建立安全保障体系

建立高效的安全管理机构，制定完善的安全管理制度。建立紧急救援机制，做好突发事件应急预案，配备救生设备，定期检查潜水设备并做好记录。严格按照《海洋体验潜水服务规范》开展活动，定期进行安全应急演练，每年至少进行三次。

2. 做好准备工作

（1）制订周密计划

潜水计划要根据游客的实际情况制订，要考虑潜水时的天气、水流、地形、潜水时间、深度、温度、能见度等因素。暴雨、台风、海啸等恶劣天气情况下，应取消或终止潜水活动。

（2）提醒游客自查身体情况

潜水是一项危险系数较大、难度较高的运动，因此对身体素质要求较高。以下情况不宜潜水：心脏病、高血压、肺部疾病、癫痫、中耳炎等；感冒发烧、四肢无力、脸色苍白等身体虚弱的情况；饭后、空腹、酒后都不可立即潜水。

图 7–7　潜水是一项危险系数较高的运动

3. 加强安全管理

体验潜水海域的水温、水中能见度、海面风力、海浪高度等必须符合潜水服务规范的规定。潜水技术指导人员除持有潜水资格证书外，还应取得潜水社会体育指导员职业资格证书、潜水救援等相关证书才能上岗。潜水技术指导人员应对游客进行安全教育和潜水培训，包括潜水安全须知，潜水基本知识，动作示范及指导游客水面练习、试潜、下潜动作。下水前，潜水技术指导人员应该认真检查自己和游客的每件装备，确保都在有效使用期之内且都能正常使用。

加强游客的安全教育。要提醒游客不要无故挑衅危险海洋生物，切勿捕猎或触摸水中动植物；不在水下打闹，不要因个人的好奇心而盲目探险，抛开潜伴独自进行较高难度的潜水；不独自去陌生水域潜水。

（二）潜水活动的安全事故应对

1. 体温过低

在冷水中潜水可能发生体温过低现象，因此潜水时要严格控制潜水时间。体温过低时，潜水者会出现无法控制的颤抖、判断力下降等，严重者会出现神志不清、心律失常等症状。当潜水者出现上述症状时，应立即停止潜水。潜水者出水后应迅速对其采取复温措施，直到其出汗。严重者应立即送往医院治疗。

2. 缺氧

潜水时气源耗尽、装备故障等都有可能导致潜水者缺氧。缺氧发生时，潜水者会出现脉搏加快、血压上升，皮肤出现大面积的青紫。但这些变化常被忽视，所以缺氧事故常在不知不觉中发生。游客潜水时，潜水技术指导人员应密切关注游客的状态。当游客出现缺氧表现时，应立即给其呼吸器补充氧气或使用备用呼吸器，并使其上升出水。出水后，要摘掉潜水者的面镜或咬嘴，使其能够呼吸新鲜空气。

3. 水下绞缠

水下潜水时，当通过水下洞穴、沉船内部等狭窄空间或碰到水草、水下障碍物时，可能被卡住或缠住而无法脱身。此时应该停止活动，潜水技术指导人员应安抚游客情绪，使其不要慌张，挣扎往往会使情况变得更糟，应及时帮助游客摆脱险情。

4. 水母蜇伤

被水母蜇伤时，会出现刺痛或烧灼感，痒痛难忍。严重者会出现乏力、恶心、胸闷、呼吸困难等症状。游客被水母蜇伤时，应停止潜水，立即上岸。同时，切忌用淡水冲洗蜇伤处，淡水会促使刺细胞破裂释放毒液，导致病情加重。此时应尽快送其前往医院就诊，用5%~10%碳酸氢钠溶液或明矾溶液反复清洗蜇伤处，冲洗后用纱布浸泡碳酸氢钠溶液后，湿敷蜇伤处。

案例 7-9

潜水时被水母蜇伤

2019年8月2日，在海边旅游的张某和他15岁的儿子决定体验潜水。两人在潜水教练的指导下潜入水中。15岁的儿子不听潜水教练的劝阻用手触摸了漂亮的水母，被水母蜇伤。事情发生后，潜水教练立即中止潜水，上岸后带张某和他儿子前往医院治疗。

请分析：如何预防此类安全事故的发生？

【分析要点】

潜水时不要触摸海洋生物，防止被有毒海洋生物蜇伤。

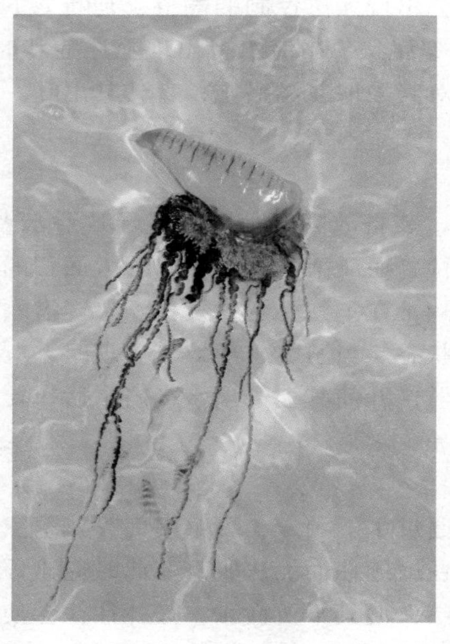

图 7–8 最毒的水母之一——僧帽水母

五、钓鱼

钓鱼是一项历史悠久的户外休闲活动。最初的钓鱼只是为了解决温饱问题，随着人类文明的进步，人们钓鱼的目的也发生了变化，转而成为一种户外休闲娱乐活动。钓鱼（垂钓）追求休闲娱乐、修身养性并兼顾竞技体育于一身，是一项适合男女老少的户外休闲运动，深得老百姓的喜爱。随着垂钓旅游如火如荼地开展，在钓鱼过程中也常常发生一些安全事故。

（一）钓鱼活动的安全事故防范

1. 物品准备

户外钓鱼应带好钓具，此外还应提醒游客准备防护用品、食物、水、药品等。夏季天气炎热，遮阳伞、防晒服、防晒霜等可防止中暑、晒伤的情况发生。夜钓时，鱼饵的香味会吸引蚊虫或蛇，可携带防虫喷雾或者驱蛇的药品。患有心脏病等疾病的钓友不要忘记携带救急药品。

2. 关注天气变化

出发去钓鱼前，要关注目的地的天气变化。若有大雾、暴雨、雷电、台风等恶劣天气，应取消垂钓计划；出钓后遇到天气骤变，如发生雷雨时，要及早躲避，撤离到安全地点。外出垂钓时应结伴而行，相互之间可以照应，确保安全。

3. 提醒游客选择安全的钓鱼位置

钓鱼时钓位最好平整、硬实，有足够的空间可以走动。不要在悬崖陡坎上钓鱼，防止滑落入水的情况发生；不要选择在孤岛位置垂钓，防止因下雨、水库放水突然带来的河水猛涨而被困河中央；不要在周围有电线杆、电线、电缆、变压器等设备的地方进行垂钓。碳素鱼竿采用高科技碳纤维素材制造而成，韧性好、重量轻，但碳素鱼竿具有导电性，可能会导致触电。

4. 提醒游客不要轻易下水

户外钓鱼时，对水域不了解的话不要轻易下水。没有准备就下水游泳，一旦腿部抽筋，可能会导致安全事故的发生。鱼竿掉落时不要贸然下去打捞或捡拾；鱼钩挂底时，可用鱼竿拖拽鱼钩，尽可能舍线保竿，不要下水摘取；大鱼上钩时要提前做好准备工作，防止鱼竿被拖走。

（二）钓鱼活动的安全事故应对

1. 鱼钩伤人

鱼钩带有倒刺，容易在抛竿时伤及旁人或钩伤自己。发生鱼钩刺伤时，不要盲目拉出鱼钩，防止鱼钩倒刺损伤到血管、神经及肌腱等，可剪断鱼线后立即到医院进行处理。处理时，伤口要进行彻底的清洗消毒，之后必须注射破伤风抗毒素，防止感染。

2. 触电

在电杆、电线附近钓鱼，抛竿时可能会发生鱼钩、鱼线勾住电线导致触电的情况。发现游客触电时，不能用手直接触摸触电者，应用绝缘物品挑开触电者手上的鱼竿。当触电者脱离电源后，应立即检查其全身情况，若触电者呼吸暂停、心脏停止跳动，应立即进行心肺复苏，同时及早拨打 120 急救电话与医院取得联系。

3. 山洪围困

汛期或暴雨后山区河流及溪沟中容易发生洪水，山洪突发性强、水量大，常造成局部性洪灾。钓鱼时突发山洪，首先要做的是尽量将游客往高处转移，避免被洪水冲走。一旦被洪水包围，要立即向外界求救，拨打110报警电话，报告自己的位置和险情。在等待救援的过程中不可冒险下水，一旦发现救援人员，第一时间挥动鲜艳的衣物、旗帜，吹响口哨，或用镜子反射阳光来发射求救信号。

<<< 案例 7-10 >>>

钓鱼时触电身亡

2019年6月26日上午，50岁左右的彭姓男子闲暇时间在某村一池塘边钓鱼时，鱼线触碰高压电线，不幸触电身亡。随后村民报警求助，当地派出所警察与120急救人员赶至现场时，男子已无生命体征。

请分析：选择钓鱼位置时应注意哪些问题?

【分析要点】

钓位最好平整、硬实，不要在周围有电线杆、电线、电缆、变压器等设备的地点进行垂钓；钓鱼应结伴而行，便于意外情况发生时可相互救援。

第三节 飞行类活动的安全事故防范与应对

飞行类户外旅游活动包括滑翔伞、热气球、直升机、蹦极等，因其利用特定的设施设备给游客呈现出宏大、壮美、惊奇的观景效果，从而深受旅游者喜爱。

一、滑翔伞

滑翔伞起源于20世纪70年代初的欧洲，80年代末传入中国。滑翔伞与传统的降落伞不同，它是一种飞行器。滑翔伞飞行是飞行运动员着翼型伞衣，利用空气升力起飞翱翔的运动。滑翔伞飞行为普通老百姓实现翱翔蓝天的梦想提供了机会，使飞天梦变成了现实。

（一）滑翔伞活动的安全事故防范

1. 建立安全保障体系

制定完善的安全管理制度，建立高效的安全管理机构，做好安全事故应急预案，完善滑翔伞设备的安全管理规范、操作规程，严格按照安全管理制度和滑翔伞设备操作规程开展活动，定期开展安全检查，加强日常的维护保养，由专业人员定期进行设备安全检测，做好安全记录。

2. 关注气象变化

滑翔伞飞行是在高空中进行的，因此任何气象变化都会增加潜在风险。活动前，旅游从业人员必须详细了解当日气象变化，包括云层、风速、风向变化情况，尽量选择晴朗的天气开展活动。大雾、降雨等情况下严禁飞行，飞到空中后也应时刻注意，如果遇到天气突变，应尽快在合适场地着陆。

3. 加强安全管理

加强场地的安全管理。滑翔伞起飞场地应平整，最好由绿草覆盖，场地内无影响起飞的障碍物和危及安全的石头，有起飞失败后中断起飞的安全备份距离。着陆场地平坦开阔，无紊乱气流以及影响着陆安全的树木、高压线、建筑物等障碍物，便于人员和伞具的回收。另外，要加强旅游从业人员的安全知识培训和专业知识学习，提高专业素质。滑翔伞教练需经过系统的培训和学习，取得相应的资格证书方可持证上岗培训游客。

加强游客的安全教育，提醒游客根据身体健康状况选择是否进行滑翔伞活动。告知游客，患有心脏病、高血压、癫痫及医学上认为不适合高空运动的其他疾病等均不宜参加。提醒游客飞行前认真检查装备，如伞衣有无撕裂、刺穿等。

（二）滑翔伞活动的安全事故应对

1. 高空坠落

滑翔伞运动是一项高危运动，天气突然变化、飞行场地不合格、技术不熟练、心理素质差等，都有可能导致安全事故的发生。滑翔伞运动过程中出现高空坠落时，地面人员应立即拨打120急救电话。人从高处摔落至地面时会受到很大的冲击力，通常会出现多个器官损伤，情节严重的可能会当场死亡。如果发现伤者手足骨折，不要盲目搬动伤者，应在骨折部位用夹板把受伤位置临时固定，使骨折处不再移位，避免刺伤肌肉、神经或血管。若无夹板也可就地取材，用木板、竹片等代替。进行固定时，要注意捆扎夹板松紧适度，一般应扎在折骨的上下两端。如果是开放性骨折，要先对伤口进行止血。开放性骨折可能是由于异物穿过皮肤造成骨骼损伤，或是断裂的骨头戳破皮肤导致出血，一定要及时送往医院进行治疗。

2. 摔伤

滑翔伞正常着陆时对人体的冲击力比较小，但判断失误、操纵失当或者在风速较快的情况下着陆时，冲击力会很大，使腿部难以承受，极易造成摔伤。若伤者症状较轻，没有明显骨折，肢体活动自如，可以通过局部外敷冰块消肿止痛。若伤者摔伤造成一定的伤口，应即时清理伤口，并用碘酒或酒精进行消毒。然后用绷带或者纱布对伤口进行包扎，防止伤口感染。

<<< 案例 7-11 >>>

滑翔伞高空坠落

2019 年 8 月 20 日，在某滑翔伞基地发生一起滑翔伞坠落事故，造成两人从空中坠落。事故发生后当地立即启动安全事故应急处理预案，将两名坠落伤者送往医院治疗。其中，游客刘女士骨折，无生命危险。滑翔伞教练脾脏及肺部有震伤，多处骨折。

事故发生后，当地政府成立调查组，对事故原因展开调查：涉事飞行驾驶员有中国航空运动协会颁发的 b 级滑翔伞飞行驾驶员执照。事故疑因突发大气乱流，致使滑翔伞从空中坠落。目前，该基地已暂停伴飞体验，进行整顿。

请分析：进行滑翔伞飞行前要做好哪些准备?

【分析要点】

进行滑翔伞活动前必须详细了解当日气象变化，不利气象条件下严禁飞行。

（资料来源：中国经济网 . 滑翔伞在飞行过程中发生坠落事故 .https：//baijia baidu.com/s?id=1639905831456575434&wfr=spider&for=pc）

二、热气球

热气球是最早利用浮力让人们体验飞行的工具，其上半部分是一个大球体，球体底部有一个加热空气的开口和吊篮。空气加热后，球体内的空气密度低于球体外空气密度，以此产生浮力进行飞行。1783 年，法国人蒙格尔菲兄弟研制出世界上第一个热气球。“二战”以后，新的技术使气球材料以及致热燃料得到普及，热气球成为不受地点约束、操作简单方便的公众体育项目。20 世纪 80 年代，热气球引入中国。作为飞行类的休闲体育运动项目，热气球受到越来越多的关注。

图 7-9 甘肃张掖的七彩丹霞景区是国内较早开展热气球旅游的地方

（一）热气球活动的安全事故防范

1. 建立安全保障体系

制定完善的安全管理制度，建立高效的安全管理机构，做好安全事故应急预案，完善热气球设备的安全管理规范、操作规程。严格按照安全管理制度和热气球设备操作规程开展活动，定期开展安全检查，加强日常的维护保养（吊篮密实度，篮内的燃烧气瓶、灭火器是否完备等）。由专业人员定期进行设备安全检测，做好安全记录。

2. 关注气象变化

热气球运动对天气要求较高，起飞前需注意天气变化。大风、大雾、大雪、暴雨等恶劣天气不适合进行热气球活动。若是判定热气球升空之后天气会有较大变化，应取消活动。热气球最佳飞行时间是在日出后或日落前，此时气流最为平稳。同时高空飞行要注意防寒，海拔每升高 1000 米，气温下降大约 6℃，要提醒游客穿保暖厚实的衣物御寒，最好穿着棉质面料的长衣长裤。

3. 加强安全管理

加强场地的安全管理。热气球的飞行场地尽量避开高压线、高大建筑、村庄等环境。最佳降落地点是空旷的草地，城市街道、高速公路、人员聚集的地方或存在大量障碍物的场所都不适合降落。

加强从业人员的安全管理。热气球驾驶员需经过系统的专业知识和安全知识的培训和学习，取得相应的专业资格证书方可持证上岗。热气球飞行过程中，热气球驾驶员不仅要注意天气变化，控制气球的高度，还要时刻提醒游客注意安全。经验丰富的驾驶员，在应对突发事件时会比较沉着冷静，安全性也相对有保障。

加强游客的安全教育，提醒游客根据身体健康状况选择是否进行热气球活动。告知游客，若患有心脏病、癫痫、高血压及医学上认为不适合高空运动的其他疾病，均不宜乘坐热气球。

（二）热气球活动的安全事故应对

1. 着火

热气球飞行源于热空气会上升这个原理，现代热气球通过燃烧丙烷加热空气实现飞行。要保持气球上升，需要不断利用燃烧器加热空气。但温度过高、操作不当、与其他热气球碰撞等都可能会发生着火。着火时不要惊慌，用灭火器迅速将火扑灭并降落到地面，防止因设备损坏造成安全事故。

2. 摔伤

热气球降落会撞击地面，第一次撞击地面时，在反作用力影响下吊篮会发生反弹。在降落过程中，若不听热气球驾驶员指挥，可能会导致摔伤。若只是轻微摔伤，没有出血，24 小时内可冰敷消肿、喷云南白药气雾剂等；若情况严重，应及时将伤者送往医院治疗。

案例 7-12

热气球坠落

2017 年 3 月，某旅游胜地发生热气球安全事故。当天早晨 7 时左右，大约 10 个热气球搭载游客同时升空，随后遭遇降雨和大风，热气球难以控制。三个热气球紧急降落，导致游客受伤。事故发生后，当地管理部门迅速将伤员送往医院治疗，其中九名伤员骨折住院治疗，其他受伤游客伤势不重。

请分析：如何避免此类事故的发生？

【分析要点】

注意天气变化。大风、大雾、大雪、暴雨等恶劣天气不适合参加热气球活动。

（资料来源：中国青年网.高空惊魂，热气球事故 15 名中国游客致伤.http：//news.youth.cn/gj/201703/t20170316_9303864.htm）

三、直升机

直升机因为其优越的机动性、悬停性、可垂直起降等优点，在空中游览活动中应用极为广泛。直升机空中游览可以通过控制飞行高度、悬停等方式，以理想的角度观赏美景，甚至还可以将游客带到人迹罕至的地方进行深度旅游。直升机游览虽然比普通休闲旅游项目价格贵，但随着人们生活水平的提高，直升机游览活动在国内旅游市场大受欢迎。

（一）直升机活动的安全事故防范

1. 建立安全保障体系

制定完善的安全管理制度，建立高效的安全管理机构，做好安全事故应急预案，完善直升机的安全管理规范、操作规程。严格按照安全管理制度和直升机安全飞行守则开展活动，定期开展安全检查，加强日常的维护保养。由专业人员定期进行设备安全检测，做好安全记录。

2. 做好准备工作

（1）关注气象变化

恶劣天气会使直升机偏离航道，引发安全事故。在飞行之前要了解天气情况，遇到恶劣天气如大风、暴雨或能见度低时，请尽量不要搭乘直升机。大风会导致空气中的对流出现紊乱，严重影响飞行稳定性，甚至出现坠机事故；在雷暴天气且无任何绕行可能的情况下，直升机不可执行起飞任务；若在飞行途中遇到雷电天气，直升机驾驶人员需要在地面空管部门的指挥下，寻找最近的备用机场降落。

（2）提醒游客自查身体情况

告知游客以下情况不宜乘坐直升机：患有心脏病、癫痫、高血压及医学上认为不适合高空运动的其他疾病；严重恐高症、严重晕机者；孕妇、饮酒者及 15 天内有创口手术等情况的游客。未成年人乘坐直升机需要经过监护人同意。

3. 加强安全管理

加强飞行场地的安全管理。飞行场地应符合《民用直升机场飞行场地技术标准》中的技术要求。加强从业人员的安全教育和管理。直升机飞行员需经过系统的专业知识和安全知识的培训和学习，取得相应的专业资格证书方可持证上岗。飞行前，直升机飞行员要了解飞机状态，按《飞行手册》进行飞行前准备，确认飞行计划、飞行条件以及飞机的适航状态。经验丰富、应变能力强的飞行员遇险时，能正确处置各种复杂气象条件和意外情况。

加强游客的安全教育。提醒游客自觉遵守登机秩序，严禁跨越安全线进入飞行区；主动接受安全检查，不携带易燃易爆等危险品登机；要从安全区域进行登机，当直升机螺旋桨旋转时，不要接近尾翼；登机后按照飞行员的指导，系好肩带和安全带，佩戴安全头盔，听从飞行员的安全提示；在飞行过程中，不要随意离开座位，不要随意打开直升机的门窗；如果因特殊情况需要开启舱门，要事先征得飞行员同意；飞行中有身体不适等现象，及时告诉机长。

（二）直升机活动的安全事故应对

失误（如对天气的误判、对着陆点的误判、飞行技术优劣等）、违规（如违反最低安全高度、违反最低天气标志等）、系统故障（如发动机故障、尾桨破损、方向控制故障等）、维护保养不良等都可能造成直升机安全事故，直接影响着直升机的飞行安全。乘坐直升机进行观光旅游时，飞行事故属于典型的“低概率，高风险”事件。一旦事故发生，直升机上的游客可能会有生命危险。因此，游客选择直升机进行观光旅游时，务必做好安全防范工作。发生直升机安全事故后，从业人员应立即组织救援，拨打急救电话，及时将伤者送往医院救治。

四、蹦极

蹦极是指跳跃者使用弹性绳索从高处自由跳下的活动。当跳跃者落到离地面一定距离时，弹性绳索被拉开、绷紧，阻止人体继续下落。弹性绳索被拉开到极限时，再次收缩将跳跃者拉起，随后又落下，这样反复多次直到绳索的弹性消失。1997 年 5 月 1 日，蹦极运动首次传入我国。北京是我国蹦极运动发展得最早、最快的城市。

图 7-10　北京平谷金海湖景区内的蹦极台

（一）蹦极活动的安全事故防范

1. 建立安全保障体系

建立高效的安全管理机构，明确相关人员的安全职责，做好安全事故应急预案，完善蹦极设备安全管理规范、操作规程。严格按照安全管理制度和蹦极设备操作规程开展活动。定期检查蹦极设备，周期为一年，定期检验合格后方能继续运营。定期检验由国家授权的游乐设施监督检验机构进行。

2. 做好准备工作

（1）关注天气变化

确保天气状况良好。当遇到冰雹、雷电、暴雨等恶劣天气时，蹦极活动都无法开展。

（2）提醒游客自查身体情况

蹦极是一项刺激性较大的运动。患有心脏病、高血压等心脑血管疾病的人不宜挑战蹦极。蹦极时，人体交感神经处于兴奋状态，肾上腺素等物质大量分泌，导致心跳加快、血压升高；深度近视者要慎重参加，蹦极下跳时头朝下，身体以极快的速度下坠，容易因脑部充血而造成视网膜脱落。老人、孕妇、幼儿也不宜参加蹦极活动。

3. 加强安全管理

蹦极场所应符合《体育场所开放条件与技术要求》国家标准中蹦极场所应具备的基本条件和基本技术要求。新建或改建的蹦极设施竣工后，制造或安装单位应进行试验与自检，并详细填写自检报告，验收合格后才能投入运营。蹦极设备的使用、检验、维修保养和改造，必须遵守《蹦极安全技术要求》的有关规定。

加强从业人员的安全管理。蹦极技术指导人员、安全保卫人员等必须具有高度的责任心和安全意识，经过专业培训考核，持国家有关执业资格证书方能上岗。

加强游客的安全教育。提醒游客尽量不要穿易飞散或兜风的衣物，严格遵守蹦极场所的安全规定，蹦极前充分活动身体，以防扭伤或拉伤。

（二）蹦极活动的安全事故应对

1. 视网膜脱落

近视者因眼内玻璃体液化，在蹦极失重状态下可能会造成视网膜脱落，甚至导致失明。尤其是近视度数超过600度的高度近视患者，在身体速度骤然改变的情况下，视网膜更易脱落。视网膜发生部分脱离时，脱离对侧的视野中会出现固定的云雾状阴影。若视网膜完全脱落，视力会减至光感完全丧失。若游客蹦极后视野中出现阴影，应立即将其送往医院治疗。

2. 晕厥

蹦极时，失重会给身体带来强烈的刺激，分泌大量肾上腺素，可能导致晕厥、休克等极端情况。蹦极者出现晕厥时，应立即停止蹦极活动，让患者平躺，解开衣领、裤带，保持呼吸道的通畅。呼吸正常者，可轻拍患者让其苏醒，也可掐人中穴使其快速苏醒。若呼吸暂停，要立即使用人工呼吸和胸外按压的方法进行急救，并拨打120尽快送往医院治疗。

3. 拉伤

游客肌肉拉伤后，可用冷水冲洗伤处或用冰块冷敷，冷敷后用绷带适当包裹损伤部位。24小时至48小时后去除包扎，可适当热敷，或用较轻的手法对损伤局部进行按摩，也可贴活血的膏药。

本章小结

本章对山地类、水域类及飞行类户外旅游活动中可能发生的安全事故进行分析总结。针对户外旅游过程中较为常见的安全事故，提出行之有效的防范措施和应对方法，具有较强的操作性。

思考与练习

一、练一练

1. (　　) 是最早利用浮力让人们体验飞行的工具。

A. 热气球　B. 直升机　C. 滑翔伞　D. 飞机

2. (　　) 是我国蹦极运动发展得最早、最快的城市。

A. 上海　B. 广州　C. 北京　D. 深圳

3. 野营选择营地时，首先考虑的是 (　　) 问题。

A. 饮水　B. 安全　C. 便利　D. 生火

4. 漂流时，游客的贵重物品应存放在 (　　)。

A. 随意放置　B. 橡皮艇上

C. 随身携带的包里　D. 物品寄存处

5. (　　) 被称为“峭壁上的芭蕾”。

A. 潜水　B. 攀岩　C. 骑行　D. 滑雪

二、安全小课堂

1. 进行户外登山活动前需要做哪些准备工作?
2. 野营时如何选择安全的营地?
3. 滑雪时如何防范安全事故的发生?
4. 游客游泳时溺水，如何救助?
5. 进行漂流活动时，橡皮艇气室破裂要如何处理?
6. 哪些情况不适宜潜水?

三、情景训练

某旅行团在蹦极基地进行蹦极时，其中一名游客晕厥。要求学生小组合作，分工扮演游客和旅游从业人员，应对突发事件，对游客进行心肺复苏、人工呼吸等操作。最后，分析总结旅游从业人员应对突发事故的处理是否恰当。

参考答案

参考文献

[1] 苏雄 . 休闲潜水安全研究 [J] . 体育文化导刊，2010 (06)：25-28.

[2] 张先砉，衡砺寒 . 滑翔伞运动的现实困境及发展规制研究 [J] . 赤峰学院学报 (自然科学版)，2020，36 (11)：67-70.

[3] 白萍．对我国滑翔伞运动现状的调查研究[D]．北京体育大学，2006.

[4] 杰里·埃文斯．帆船运动百科[M]. 张笑，冯聪，张一帆，译．青岛：青岛出版社，2010.2.

[5] 王永西，陈祖朝．旅游安全事故防范与应对[M]．北京：中国环境出版社，2017.6.

[6] 李元秀．旅游安全知识一本通[M]．北京：企业管理出版社，2013.6.

[7] 任鸣．研学旅行安全管理[M]．北京：旅游教育出版社，2020.8.

[8] 孔邦杰．旅游安全管理[M]．上海：上海人民出版社，2019.6.

第八章

自然灾害的防范与应对

本章重点

旅游自然灾害是由于自然现象的异常变化作用于旅游系统，从而造成人员伤亡、财产损失、社会秩序混乱，影响和阻碍旅游经济发展的事件。本章包括地质灾害的防范与应对、气象灾害的防范与应对、水难事故的防范与应对、动物危害的防范与应对。重点讲解常见旅游气象灾害的问题，提出防范和应对策略。

学习要求

了解旅行安全防范与应对的基本要求，了解自然灾害的发生机理，增强安全防范意识；熟悉并掌握应对与急救的基本方法，提高旅行中应对自然灾害的能力，保障旅行顺利进行。

本章思维导图

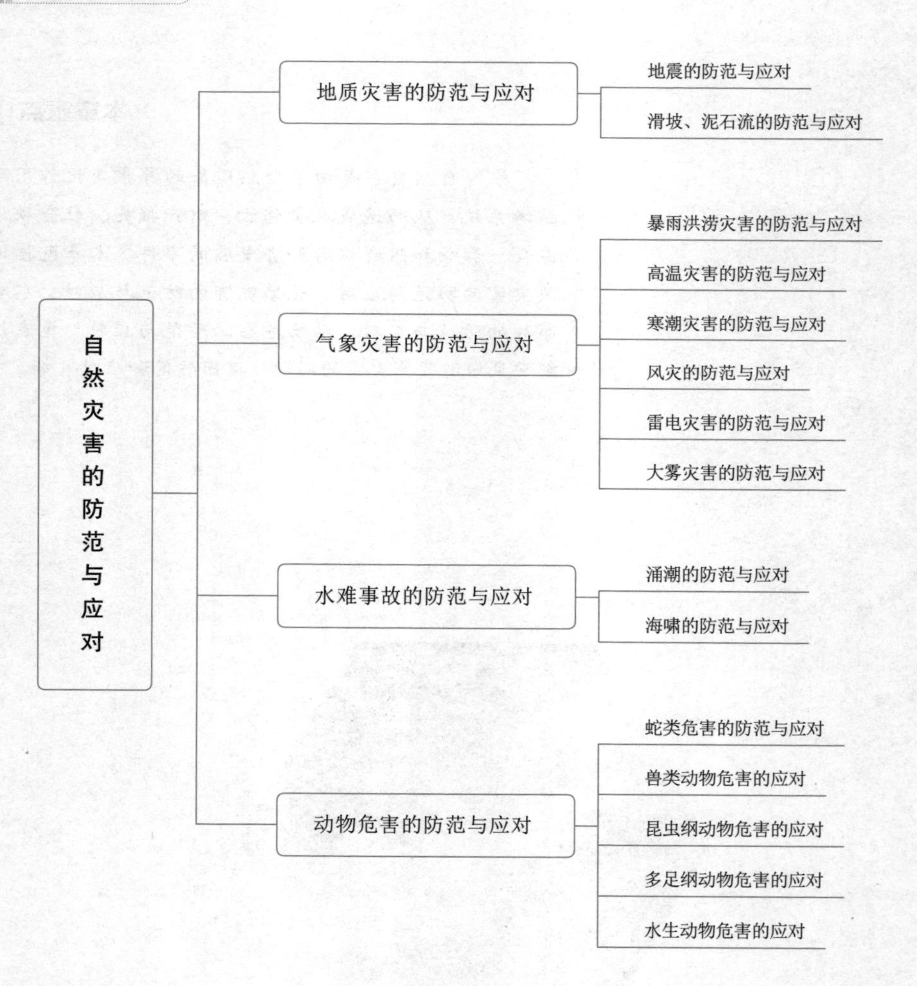

第一节　地质灾害的防范与应对

旅行团在游览过程中，如果遭遇地震、滑坡、泥石流等突发性地质灾害，会给整个团队带来巨大的人员伤亡。因此，掌握地质类灾害的发生规律，在灾害发生前有充分的预防措施以及在灾害发生时采取正确的应急措施，是保证旅行团游客生命、财产安全和旅游业稳定发展的关键。

一、地震的防范与应对

地震，又称地动、地振动，是地壳快速释放能量过程中造成的振动，其间会产生地震波的一种自然现象。地球上板块与板块之间相互挤压碰撞，造成板块边沿及板块内部产生错动和破裂，是引起地震的主要原因。

地震开始发生的地点称为震源，震源正上方的地面称为震中。破坏性地震的地面振动最强烈处称为极震区，极震区往往也就是震中所在的地区。全世界主要有三个地震带，即环太平洋地震带、欧亚地震带和中洋脊地震带。我国的地震带主要分布在台湾地区、西南地区、西北地区、华北地区、东南沿海地区五个区域。

地震常常造成严重人员伤亡，并能引起火灾、水灾、有毒气体泄漏、细菌及放射性物质扩散，还可能造成海啸、滑坡、崩塌、地裂缝等次生灾害。

案例 8-1

地震的影响

2017 年 8 月 8 日 21 时 19 分 46 秒，四川省北部阿坝州九寨沟县（北纬 33.20°，东经 103.82°）发生 7.0 级地震，震源深度约 20 千米。8 月 13 日 20 时的数据显示，地震造成 25 人死亡，525 人受伤，6 人失联，176 492 人（含游客）受灾，73 671 间房屋不同程度受损（其中倒塌 76 间）。此次地震不仅让当地的群众遭受严重的创伤，还对九寨沟景区的旅游业产生了严重影响。地震之后景区部分景点虽然恢复开放过一段时间，但由于后期又暴发山洪、泥石流等地质灾害而再次关闭。

请分析：同样是 7 级以上地震，为何九寨沟这次地震预计伤亡人数要比其他同级别地震伤亡人数少很多?

【分析要点】

1. 震源深度深。这次地震主震震源深度20千米，对比汶川的10千米要深很多，因此瞬间破坏力小很多，但地面受力点多，后续地质灾害可能性加大。

2. 人口密度低。

3. 防震设施的推广建设。

(资料来源：知乎网，有改写。)

(一)地震的防范

1. 制定应急预案

如旅游目的地为地震多发地区，需在行前制定地震应急预案。必要的话，到达目的地后组织地震逃生演练，确保团队成员均能了解并掌握地震的相关知识。

2. 注意震前征兆

受科学技术所限，目前全世界地震的预报尚是一个难解的谜题，因此相关的预防措施也很难及时到位。但是，地震来临前会有以下征兆：

(1)地下水异常。①水位、水量的反常变化。如天旱时节井水水位上升，泉水水量增加；丰水季节水位反而下降或泉水断流。有时还出现井水自流、自喷等现象。②水质的变化。如井水、泉水等变色、变味(如变苦、变甜)、变浑、有异味等。③水温的变化。水温超过正常变化范围。④其他。如翻花冒泡、井壁变形、喷气发响等。

(2)动物行为异常。动物是观察地震前兆的“活仪器”，它们往往在震前出现各种反常行为，向人们预示灾难的临近。最常见的动物异常现象有：①惊恐反应，如大牲畜不进圈，狗狂吠，鸟或昆虫惊飞、非正常群迁等。②抑制型异常，如行为变得迟缓，或发呆发痴，不知所措或不肯进食等。③生活习性变化，如冬眠的蛇出洞，老鼠白天活动不怕人，大批青蛙上岸活动等。

(3)地光和地声。地光和地声是地震前夕或地震时，从地下或地面发出的光亮及声音，是重要的临震预兆。地震有“前震—主震—余震”的规律，要注意掌握。

（二）地震的应对

1. 紧急避震的原则

（1）因地制宜

要根据自身所处的环境、状况来决定避震方式。如果有树可抱住，树根会使地基牢固，树冠可以防范落物；如果是楼房，在地震发生时，则最好不要离开房间，应就近迅速寻找相对安全的地方避震，震后如能逃离楼房，应迅速撤离，如不能逃离，则应利用房内设施求生。

（2）伏而待定

一般情况下从感觉到震动至建筑物被破坏，大约时长 12 秒钟，而建筑物的牵动性破损和倒塌之间一般还会有数秒至一二十秒的时间。因此，在地震刚发生时一定不要惊慌，要立即灭火断电，尽可能保持站立姿势，保持良好视野和机动性，以便相机行事。

（3）寻找三角空间

地震时，可迅速躲靠在床、柜、桌等支撑力大且自身稳固性好的物件旁边，这些地方在房顶塌落时，坠落的水泥板与支撑物之间易形成安全的“三角形自然空间”，也可靠近墙根、墙角或远离窗户的地方，身体紧贴墙根，头部尽量靠近墙面。也可进入储物间、卫生间等狭小并有承重墙的地方。但不能钻进桌椅床柜等狭小空间或躺卧。

图 8-1　地震应对图示

（4）近水不近火，靠外不靠内

尽量靠近水源处，保证生命的直接需要。不要靠近炉灶、燃气管道和家用电器，以避免遭受失火、煤气泄漏、电线短路等直接威胁。不要选取建筑物的内侧位置，而应尽量靠近外墙，同时应避开房角、窗户下和侧墙等薄弱部位。

2. 地震后的救援

（1）埋压后自救

树立生存的信心，千方百计保护自己。先要保持呼吸畅通，挪开头部、胸部的杂物，闻到煤气、毒气时，用湿衣等捂住口、鼻；避开身体上方不结实的倒塌物和其他容易引起掉落的物体；用石块敲击能发出声响的物体，向外发出呼救信号；如果被埋在废墟下的时间比较长，就要想办法维持自己的生命，尽量寻找食品和饮用水。

（2）营救被埋人员

为了最大限度地营救遇险者，应遵循先多后少、先近后远、先易后难、先轻后重等原则，有计划、有步骤地搜索定位和实施营救。营救过程中，要特别注意埋压人员的安全。

（3）救治受伤人员

先将被埋压人员的头部从废墟中暴露出来，清除口鼻内的尘土，以保证其呼吸畅通。对于受伤严重、不能自行离开埋压处的人员，应该设法小心地清除其身上和周围的埋压物，再将其抬出废墟，切忌强拉硬拖。对受伤、饥渴、窒息较严重且埋压时间又较长的人员，救出后要用深色布料将其眼睛蒙住，避免强光刺激。对伤者，根据受伤轻重，或包扎或送医疗点抢救治疗。

二、滑坡、泥石流的防范与应对

滑坡是指斜坡的局部稳定性受到破坏，在重力作用下，斜坡上的土体或岩体沿一个或多个破裂滑动面向下做整体滑动的过程与现象，俗称“走山”“垮山”“地滑”“土溜”等。泥石流是指在山区或者其他沟谷深壑等地形险峻的地区，由暴雨、暴雪或其他自然灾害引发的携带有大量泥沙及石块的特殊洪流。

滑坡、泥石流发生的主要原因有集中的暴雨、山洪暴发、山高、坡陡、地震和地表植被稀疏等，其中由局部暴雨引发的占总数 90% 以上。

在中国发生滑坡、泥石流规模大、频率高、危害重的地区有：滇西北、滇东北山区、川西地区、陕西秦岭大巴山区、西藏喜马拉雅山区、辽东南山区、甘南白龙江流域。

（一）滑坡、泥石流的防范

1. 关注天气变化

泥石流多发生在夏汛暴雨期间，而这段时期又是人们选择去山区峡谷游玩的高峰期。旅游出行前，一定要事先收听当地的天气预报，不要在大雨天或连续数天阴雨当天仍有雨的情况下进入山区沟谷旅游。

2. 预判发生征兆

在灾害发生之前，也就是在斜坡或挡土墙向下整体滑动前，会表现出暴雨集中、泥石滑落、地面塌陷、水流变色和水声轰鸣等征兆。

3. 提前迁离

提前搬迁到安全场地是防范山体滑坡、泥石流灾害的最佳办法。可在灾害可能发生的隐患区附近提前选择几处安全的避难场地，应选择在易滑坡区域两侧边界的外围。在确保安全的情况下，避难场地离住处越近越好，交通、水、电越方便越好。

‹‹‹ 案例 8-2 ›››

如何镇定地引导游客逃生

导游员小马带的一个团队在某地突遇特大暴雨袭击，滔滔的洪水冲断了景区的游览栈道，断了的电线冒着火花，松动的山石、泥巴不断地滑落，游客的安全受到严重威胁，情况万分危急。如果你是导游员小马，你会怎么做?

【分析要点】

遇到泥石流，导游员要镇定地引导游客逃生：1. 泥石流发生时，不能在沟底停留，而应迅速向山坡坚固的高地或连片的石坡撤离，抛掉一切重物，跑得越快越好，爬得越高越好；2. 切勿与泥石流同向奔跑，而要向与泥石流流向垂直和相反的方向逃生；3. 到了安全地带，游客应集中在一起，等待救援。

（二）滑坡、泥石流的应对

1. 及时逃避

在山区旅行时，如果听到异常响声，看到有石头、泥块频频飞落，表明附近可能有泥石流袭来。如果响声越来越大，则表示泥石流就要到达，要立即丢弃重物尽快逃生，并根据情况及时向政府或地质灾害负责部门报告，请求救援。

2. 正确应对

发生泥石流后，要马上往与泥石流成垂直方向的山坡上面爬，爬得越高越好，跑得越快越好，绝对不能向泥石流的流动方向跑。发生山体滑坡时，同样要向垂直于滑坡的方向逃生。无法继续逃离时，应迅速躲在坚实的障碍物下，或就地抱住身边的树木等固定物体。在逃生途中，可用木板、衣服等护住头部，以免被石块击伤。如果不幸被泥石流掩埋，应尽量使头部露出，并迅速清除口鼻淤泥。

3. 积极施救

发生滑坡、泥石流后，旅游从业人员应马上参与营救。抢救被掩埋的人和物时，应从滑坡体的侧面进行挖掘，不要从滑坡体下缘开挖，否则会使滑坡加快，同时要将滑坡体后缘的水排干。

4. 做好防疫工作

泥石流和水灾后易出现疫情，游客应注意饮食和饮水卫生，预防传染病；要注意做好环境卫生，不要随地大小便，并及时清理垃圾和粪便；室外活动时要尽量穿长衣裤，扎紧袖口和裤腿，防止蚊虫叮咬。

第二节　气象灾害的防范与应对

旅游气象灾害是指由于气象因素发生变化而引发的旅游灾害，即由于气象要素（包括气压、气温、湿度、风力、日照、降水等）发生变化而对旅游资源、景观造成影响或给旅游活动带来危害的现象。全世界每年因气象灾害死亡的人数占因自然灾害死亡总人数的45%左右。对游客生命财产、旅游资源及设施等造成各种损害的气象灾害，主要有暴雨洪涝、高温、寒潮、风灾、雷电、大雾等。

一、暴雨洪涝灾害的防范与应对

暴雨洪涝是指长时间降水过多或地区性持续的大雨（日降水量25.0~49.9毫米）、暴雨（日降水量≥50.0毫米）以及局部性短时强降水，引起江河洪水泛滥，引发地质灾害，造成人员伤亡、旅游资源或设施损害的一种灾害。

（一）暴雨洪涝灾害的防范

1. 关注天气预报

外出旅行前，特别是在汛期，应及时关注当地的气象预报，熟悉目的地及途经路段的天气状况，不要去有可能发生暴雨或山洪的地区旅游。

2. 及时紧急避险

洪水到来时，对于身在受灾地区范围之内的游客们，迫在眉睫的问题就是迅速转移。应密切关注汛期的洪水预警信息，包括转移方式、转移路线和安置地点等，服从统一安排，及时避难。

3. 做好应急准备

充分利用条件，准备饮用水、罐装果汁和其他保质期长的食品；准备好保暖用的衣物及治疗感冒、痢疾、皮肤感染的药品；准备好手电筒、蜡烛、打火机、颜色鲜艳的衣物、旗帜及哨子等应急物资。

案例 8-3

面对洪涝灾害，该如何应对与自救？

2017 年 7 月，长江、淮河流域连续遭遇 5 轮强降雨袭击，长江流域平均降雨量（259.6 毫米）较往年同期偏多 58.8%，为 1961 年以来同期最多，长江发生 3 次编号洪水；淮河流域平均降雨量（256.5 毫米）较往年同期偏多 33%。受强降雨影响，淮河流域江河湖水偏多 1.5~2 倍、长江中下游流域偏多 4~6 成，引发严重洪涝灾害。灾害造成安徽、江西、湖北、湖南、浙江、江苏、山东、河南、重庆、四川、贵州 11 省（市）3 417.3 万人受灾，99 人死亡，8 人失踪，299.8 万人紧急转移安置，144.8 万人需紧急生活救助；3.6 万间房屋倒塌，42.2 万间房屋受到不同程度损坏；农作物受灾面积 3 579.8 千公顷，其中绝收 893.9 千公顷；直接经济损失 1 322 亿元。

请分析：洪水来临时如何呼救与安全转移?

【分析要点】

1. 洪水来临时，要迅速向高处转移。来不及转移时，应按照快速、就近的原则，及时抓住木头、木板等漂浮物，或尽快把身体固定在树木上，以免被洪水冲走。

2. 如果被洪水包围无法脱身，应尽快拨打当地防汛部门电话及 119、110 等急救报警电话或与亲朋好友联系求救，夜间用手电筒或大声呼喊求救，也能引起救援人员的注意。在求援时，应尽量准确报告被困人员目前的大体状况、方位和所面临的险情概况。

3. 安全转移要本着“就近、就高、迅速、有序、安全、先人后物”的原则进行。当发现有人溺水或被洪水围困时，应在保证自身安全的情况下设法营救。洪涝灾害期间需谨慎驾车，在不能确保安全的情况下，不可在湿滑山路、积水路段、桥下涵洞等处行驶。

（来源：法治日报——法制网，中国青年网，有改写。）

（二）暴雨洪涝灾害的应对

（1）遭受洪水威胁时，要迅速到附近的山坡、高地、屋顶、楼房高层、大树上等位置高的地方暂避。

（2）千万不要游泳逃生，要设法尽快发出求救信号和信息，报告旅游团队的方位和险情，积极寻求救援。

（3）落水时要寻找并抓住漂流物，如门板、桌椅、大床、大块的泡沫塑料等。

（4）汽车进入水淹地区时，要注意水位不能超过驾驶室，要迎着洪水驶向高地，避免让洪水从侧面冲击车体。

（5）不要惊慌失措、大喊大叫，不要接近或攀爬电线杆、高压线铁塔，不要爬到泥坯房房顶上。

二、高温灾害的防范与应对

日最高气温≥35℃为高温日，日最高气温≥38℃为酷暑日，连续出现三天以上（包括三天）≥35℃高温或连续两天出现≥35℃并有一天≥38℃为高温热浪（也称为高温酷暑）。高温灾害不但影响出游心情，还会引发日射病、日光性皮炎、中暑等疾病。

当日最高气温>30℃时，人体会感觉不太舒适，不利于进行旅游活动；日最高气温≥35℃的高温天气时，可引起部分游客中暑，形成旅游气象灾害天气；日最高气温≥38℃酷热天气时，应停止旅游活动。

（一）进行防暑降温

如遇高温天气，旅游前行程安排不宜过满，要保证充足的睡眠；旅游时不可携带过多、过重的东西，避免剧烈运动，出汗过多；可带上折叠扇、风油精、藿香正气水等防暑物品；旅途中应多喝水，少吃多餐，适当多吃苦味和酸性食物，不可过度饮用含酒精的饮料或冷饮；室内空调温度不宜过低；浑身大汗时不要立即用冷水洗澡，应先擦干汗水，休息片刻后再用温水洗澡。

（二）做好防晒工作

高温天气时应减少外出旅游，暂停户外或室内大型集会，尽量留在室内，并避免阳光直射；外出时应打遮阳伞，穿浅色衣服、戴太阳镜和宽檐帽等，避免烈日直接暴晒头部；每隔两小时涂抹一次防晒霜，将脸部、手臂、背部和颈部全部涂满。

（三）中暑应急处理

旅途中如有游客中暑，不要惊慌，因为只要处置得当，中暑游客就会恢复健康，而惊慌失措只会耽误救治的时机。可让中暑的游客在通风阴凉处平躺休息，用冷水物理降温；如果中暑的游客意识清醒，可让其喝淡盐水补充电解质，喝藿香正气水进行治疗；若有重症中暑者，要立即拨打120急救电话，送往医院。

三、寒潮灾害的防范与应对

寒潮是冬季的一种灾害性天气，也称为寒流，是指来自高纬度地区的寒冷空气，在特定的天气形势下迅速加强并向中低纬度地区侵入，造成沿途地区大范围剧烈降温、大风和雨雪天气。这种冷空气南侵达到一定标准的，就称为寒潮。

侵入我国的寒潮，主要是在北极地带、俄罗斯的西伯利亚以及蒙古国等地暴发南下的冷高压。这些地区冬季光照弱，气温低，到处被冰雪覆盖着，停留在那些地区的空气团越来越冷、越来越干，当这股冷气团积累一定的程度，气压增大到远远高于南方时，就像贮存在高山上的洪水，一有机会，就向气压较低的南方泛滥、倾泻，这就形成了寒潮。

寒潮的暴发在不同的地域环境下具有不同的表现：在西北沙漠和黄土高原，表现为大风少雪，极易引发沙尘暴天气；在内蒙古草原则表现为大风、大雪和低温天气；在华北、黄淮地区，寒潮袭来常常风雪交加；在东北表现为更猛烈的大风、大雪，降雪量为全国之冠；在江南则常伴随着寒风苦雨。

（一）做好防护准备

关注天气预报，寒潮袭来时，不宜开展户外旅游活动。如参加旅游活动，应注意保暖，戴上棉帽、口罩、手套等，选择保温较好的羽绒或羊绒制品；皮肤最好不要外露，保持脸、耳、鼻、手等裸露部位的干燥并涂擦防冻油膏；切忌在饥饿和疲劳状态下进行野外旅行；途中休息时应勤换鞋袜，多用温水洗脚；保持衣物干燥，潮湿的棉制品的散热能力是干燥时的200多倍；若在高海拔地区旅游，则应佩戴护目镜，防止发生雪盲；在风雪中行进，应辨清方向，以免迷路。

（二）冰雪旅游安全

在冰雪地带旅游时，应穿防滑鞋。在山地冰上行走，要特别谨慎，防止掉落山崖，保持同伴之间 10~12 米的安全距离，彼此用绳子连接，后边的人踏着前面人的脚印行走。水面冰层至少要达到 13~15 厘米厚才比较安全。初春温度回升，或者春季有新的降雪或降雨，可能会对原有的冰层产生破坏，不可贸然去滑冰、嬉戏，也不要从冰面上穿行。发现冰面上有开裂现象时，要马上离开。

（三）搭建避寒场所

在户外旅行，如遇风雪被困，应搭建窝棚或雪洞自救。选择一块平地，避开崖壁的背风处和可能发生雪崩的地方，最好是有大树生长的山脊上。在雪层较薄的地方，应先将架设点的雪扫净，在雪层较深的地方，应将雪压实压平。如暂时不移动，应在雪中挖坑埋设帐篷，以便更好地抵御寒风。在开阔地上搭设帐篷，要在迎风面设置一道雪墙用来御寒，也便于生火做饭。也可挖一个 2~3 米深的雪洞，地面留出气孔，防寒效果也较好。

（四）防范雪崩发生

在高大的山岭区域，雪崩是一种严重的灾害，因雪崩遇难的人数占全部高山遇难者总数的 1/3~1/2。雪崩多发生在冬春两季，特别是强降雪、雪层未稳定或将融解时，要慎入雪崩多发区。进入积雪较厚的山区，应带雪崩逃生绳、探棒、信号呼救器等。应避免进入陡坡或陡坡下方，小于 15° 的雪坡雪崩发生机会小，30° ~45° 的雪坡最容易发生大雪崩。禁止在冰雪槽内行进，人与人之间的距离要大，应避免横向穿越，要直上直下。进入积雪山区，不要发出剧烈振动，如打枪、放音乐、高声吼叫等。

（五）治疗处理冻伤

迅速脱离低温环境。不可勉强脱卸连同肢体冻结的衣物，应用温水融化后脱下或剪开。对于轻度冻伤，可将冻伤部位放置温暖处，或夹在腋下、同伴怀中等，麻木感消退即可。如深度冻伤，可用双手按摩或用 38℃ ~42℃的温水浸泡伤口 20 分钟，以皮肤转为潮红或有知觉为准。伤者如疼痛可用止痛药，如心跳呼吸骤停可进行心肺复苏。

四、风灾的防范与应对

当达到 7 级风（13.9~17.1 米 / 秒）时，户外活动就会受限；当达到 9 级风（20.8~24.4 米 / 秒）以上时，户外活动就不安全。在我国，主要的风灾有台风、龙卷风、沙尘暴等，风灾突发性强、破坏力大，是严重的自然灾害之一。

（一）台风

台风是热带气旋的一个类别。在气象学上，当热带气旋中心持续风速达到 12 级，即每秒 32.7 米或以上时，在北大西洋及东太平洋称为飓风，而在北太平洋西部称为台风。热带气旋按照其强度的不同，依据其中心最大风力分为六个等级：超强台风、强台风、台风、强热带风暴、热带风暴和热带低压。

1. 台风的发生规律

（1）台风具有季节性。台风（包括热带风暴）一般发生在夏秋之间，最早发生在 5 月初，最迟发生在 11 月。

（2）台风中心登陆地点难以准确预报。台风的风向时有变化，常出人意料，台风中心登陆地点往往与预报相左。

（3）台风具有旋转性。其登陆时的风向一般先北后南。

（4）损毁性严重。台风对不坚固的建筑物、架空的各种线路、树木、海上船只以及海上养鱼网箱、海边农作物等的破坏性很大。

（5）强台风发生时常伴有大暴雨、大海潮、大海啸。

（6）强台风发生时，人力不可抗拒，易造成人员伤亡。

2. 台风的防范与应对

旅行团在出发前，旅行社工作人员必须关注天气的变化，做好行程调整的预备方案，最大限度减少台风对旅游活动的影响。

（1）避免外出，必须外出时应穿较为鲜艳的衣服，并在随时能抓住固定物的地方行走。

（2）在外行走，要尽量弯腰将身体缩成团，扣好衣扣，必要时应爬行前进。

（3）尽快转移到坚固的建筑物或底层躲避风雨。如果打雷，则要采取防雷措施。

（4）不要在受台风影响的海滩驾船或游泳。

（5）当台风信号刚刚解除时，一定要保持高度警惕，注意出行安全和卫生，避免出现台风带来的次生灾害。

案例 8-4

遭遇台风，旅行社是否仍继续组织旅游？

2016 年 6 月底，张某（82 岁）向甲旅行社报名参加了某名山两日游。7 月 16 日，张某依约参加旅游团前往该景区旅游。由于受到台风“碧利斯”的影响，景区虽然没有闭门谢客，但景区内索道停止运营，张某等游客只能徒步登山。导游员带领张某等26名游客于当日下午2时左右开始登山，下午5时许，张某在登山过程中突然摔倒在地，不省人事，导游员立即拨打求救电话。张某经抢救无效死亡，张某家属向旅游管理部门投诉，要求旅行社承担责任。旅游管理部门经核实认定，甲旅行社在组团和经营中存在漏洞：旅行社不能提供证据证明在组团时已向张某推荐了意外保险；导游员在登山前没有履行相关劝阻和告知义务，也没有向张某推荐购买景点保险。

请分析：甲旅行社对张某的死亡是否应当承担责任？

【分析要点】

1. 甲旅行社在台风期间组团，是安全意识松懈的典型表现。在台风多发季节，旅行社必须时刻关注气象变化，一旦气象部门发布预警，旅行社必须毫不迟疑地停止组团和发团，以确保游客人身、财产的安全。

2. 导游员未能劝阻张某继续登山旅游，其行为和相关规定不符。景区当时气候条件较为恶劣，山势较高，路远陡滑，张某年逾古稀，在此情况下，导游员的义务不仅仅是提醒，而是应当根据张某的身体条件，劝阻张某不要继续登山。

3. 按照《旅行社投保旅行社责任保险规定》，旅行社在与旅游者订立旅游合同时，应当推荐旅游者购买相关的个人保险。本案旅行社并没有推荐意外保险。

（二）龙卷风

龙卷风是由空气强烈对流运动而产生的一种伴随着高速旋转的漏斗状云柱的强风涡旋，其中心附近风速可达100~200米/秒，最大可达300米/秒，比台风近中心最大风速大好几倍。

龙卷风常发生于夏季的雷雨天气时，尤以下午至傍晚最为多见。其水平范围很小，直径为几米到几百米，平均为250米左右，最大为1000米左右。在空中直径可有几千米，最大为10千米。龙卷风的持续时间一般仅几分钟，最长不过几十分钟，但破坏性极强，其经过的地方常会发生拔起大树、掀翻车辆、摧毁建筑物等现象，甚至把人吸走。

1. 龙卷风的防范

（1）关注广播、电视等媒体报道。

（2）辨别声音。当在野外听到像几十架喷气式飞机、坦克在刺耳地吼叫，或类似火车头或汽船的叫声等由远而近、沉闷逼人的巨大呼啸声，要立即躲避。

（3）识别龙卷云。龙卷云除具有积雨云的一般特征外，在云底会出现乌黑的滚轴状云，当云底见到有漏斗云伸下来时，龙卷风就会出现。

2. 龙卷风的应对

（1）在室内：要远离门、窗和房屋的外围墙壁，躲到与龙卷风前进方向相反的墙壁或小房间内抱头蹲下，尽量避免使用电话；将床垫或毯子罩在身上以免被砸伤；地下室或半地下室是最安全的躲藏地点。

（2）在室外：不要待在露天楼顶，就近进入混凝土建筑底层；远离大树、电线杆或简易房屋等；朝与龙卷风前进路线垂直的方向快跑；来不及逃离时，要迅速找到低洼地趴下；不要开车躲避，也不要在汽车中躲避。

（三）沙尘暴

沙尘暴是沙暴和尘暴两者兼有的总称，是指强风把地面大量沙尘物质吹起并卷入空中，使空气特别混浊，水平能见度小于 1000 米的严重风沙天气现象。其中，沙暴是指大风把大量沙尘吹入近地层所形成的挟沙风暴；尘暴则是指大风把大量尘埃及其他细粒物质卷入高空所形成的风暴。

1. 沙尘暴的等级

沙尘暴强度划分为 4 个等级：

（1）4 级≤风速≤6 级，500 米≤能见度≤1000 米，称为弱沙尘暴；

（2）6 级≤风速≤8 级，200 米≤能见度≤500 米，称为中等强度沙尘暴；

（3）风速≥9 级，50 米≤能见度≤200 米，称为强沙尘暴；

（4）当其达到最大强度（瞬时最大风速≥25 米 / 秒，能见度≤50 米，甚至降低到 0 米）时，称为特强沙尘暴（或黑风暴，俗称“黑风”）。

2. 沙尘暴的防范与应对

（1）健康防护

沙尘暴可能诱发过敏性疾病、流行病及传染病。在沙尘暴天气来临时，游客应待在酒店室内，尽量避免外出；应及时关好门窗，以防止沙尘进入室内；室内应使用加湿器、洒水或用湿墩布拖地等方法清理灰尘，保持空气湿度适宜，以免尘土飞扬。若不得不外出，则应携带口罩或纱巾等防尘用品，以避免风沙对呼吸道和眼睛造成损伤，近视患者不宜佩戴隐形眼镜，以免引起眼部炎症。

在风沙天气从户外进入室内，应及时清洗面部，用清水漱口，清理鼻腔，有条件的应该洗浴并及时更换衣服，保持身体洁净舒适。一旦有沙尘吹入眼内，不要用脏手揉搓，应尽快用清水冲洗或滴眼药水，保持眼睛湿润易于尘沙流出。因空气比较干燥，应多喝水、多吃水果，吃清淡食物。不要购买露天食品。

（2）科学避险

发生沙尘暴时，游客要在牢固、没有下落物的背风处躲避，如果在途中突然遭遇强沙尘暴，应寻找安全地点就近躲避；要远离高层建筑、工地、广告牌、老树、枯树，以免被高空坠落物砸伤；也要远离水渠、水沟、水库等，避免落水发生溺水事故等；走路时少走高层建筑之间的狭长通道，因为狭长通道会形成“狭管效应”，风力在通道中会加大，从而给在其间的行人带来一定的危险。

如果沙尘暴来临时，游客正好在行进途中，一时找不到防沙物品，应该立即背对风向，蹲下身子，双手捂住口鼻，或立即藏身到地势较低的地方。旅游大巴在公路上遭遇沙尘暴，应低速慢行。能见度太差时，要及时开启大灯、雾灯。必要时驶入紧急停车带或在安全的地方停靠，游客要视情况选择安全的地方躲避。

五、雷电灾害的防范与应对

雷电是大气自然放电的现象，能产生瞬时的高压和巨大电流，会击穿电气设施，击毁钢或钢混结构的建筑，损毁旅游资源，引发火灾。人被雷电击中的死亡率约为40%。雷电灾害已被联合国列为全球十大自然灾害之一。

（一）雷击的预判

一般情况下，雷击主要发生在傍晚时分至次日凌晨，山的南坡多于山的北坡，傍湖一面的山坡多于背湖一面的山坡；在一定区域范围内高耸突出的房屋、烟囱、草垛等易遭受雷击；旷野中并不很高的房屋和持有金属物品的人容易遭受雷击；屋脊、平顶屋屋角、女儿墙、突出物等易遭受雷击；大树、老树、枯树、输电线、高架天线容易遭受雷击。

（二）雷击的紧急避险

1. 要有安全意识，避开易遭雷击的场所

可就近寻求避雷场所，如山洞、成片的房屋等地方，但不宜进入岗亭、棚屋等无防雷设施的低矮建筑物。

2. 注意地形地貌，尽可能地远离山顶、水面或水路交界处

在我国南方水乡，人们在水面及水路交界处活动频繁，因而雷击伤亡事件较多。每年的多雷雨时节（4~9月），也是旅游的黄金时段，游客遇到雷雨天气时，一定要注意远离山顶或其他制高点；如果在森林中，注意选择周围是树木、中间是空地的地方避雷。

3. 雨中行走注意事项

不要接触铁轨、电线，不能在雷雨中跑动，也不宜骑自行车，更不能骑摩托车。

4. 室外防雷措施

雷电的受害者有 2/3 以上是在户外受到袭击的。在户外旅游中遇到雷电，应立即停止旅游活动，避免与很多人聚集在一起，迅速靠近有避雷装置的建筑物，或躲进有金属壳体的车辆或船舶。不要在旷野中、大树下、电线杆旁、高坡上避雷雨。如来不及逃离，要立即在近处寻找低洼处蹲下、双脚并拢、双臂抱膝、头部下俯紧贴膝盖，如有干燥绝缘物，则应蹲在绝缘物上，还可将塑料雨具、雨衣等披在身上。避开电线、电话线等，不要使用手机。

5. 室内防雷措施

遇到雷雨天气，应关闭门窗，尽量不要拨打或接听手机、固话，不使用各类电器。房间的正中央较为安全，远离电线、电话线等线路，忌倚靠在柱子、墙壁边及门窗边，以避免打雷时产生感应电而导致意外。不淋浴，不使用太阳能热水器，不要触碰金属管道及各种带电装置。

6. 遭雷击后处理方式

当遇到有人遭雷击后身上着火时，同行游客应帮忙灭火。对雷击受伤者，轻者可在现场按一般灼伤消毒包扎，如果被雷电击伤者的呼吸、心跳都已停止，应迅速实施现场抢救，同时拨打 120。

案例 8-5

登山者应如何做好防雷措施

2020 年 8 月 3 日，在洛阳市栾川县老君山景区发生游客遭雷击死亡事件。在此游玩的洛阳市高新区游客任某（男，40 岁）和其妻子、孩子四人在景区被雷电击中，任某死亡，妻子额头和下巴受伤，孩子无恙。

请分析：夏季雷雨季节到来，登山者应如何做好防雷措施?

【分析要点】

1. 登山时如遇打雷，不应再登高，应找树林茂密处，或灌木丛中，双脚并拢，蜷缩身子，蹲下。待雷声基本停了，再行前进，或直接下撤。千万远离高大的树木，找些干燥的绝缘物放在地上，并将双脚合拢坐在上面。将身上所有的手机、手台、无线电之类关闭，并将身上所有带金属的物件，包括钥匙、带有金属伞杆的雨伞、手机、带有金属扣子的帽子等，全部收起安放于远离身边的地方，待天气好转了再收回。

2. 如已到达山顶，首要的是赶紧撤离，钻进树林会更安全。有些山顶会有铁塔等建筑，这类也是接地装置。在避雷针顶端60° 夹角范围内，是相对安全的，但国家规定的安全标准是打雷时远离避雷针15米以外。

3. 下撤途中，毕竟还是在山间，除穿越时的安全问题外，还是要注意防雷。打雷时，应立即放弃手中登山杖，并且双脚并拢蹲在树丛中，尽量避免长时间在裸露的岩石上暴露着下撤，在林子当中躲避更为安全。下撤过程中，尽量不要用手直接接触周围的树木，因为随时会落下雷电，那些高大一点的树木都会瞬间导电。

（资料来源：人民日报、中国天气网，有改写。）

六、大雾灾害的防范与应对

当近地面空气的温度降低，使空气中的水汽含量超过饱和水汽量时，多余的水汽就会凝结出来，形成悬浮在空气中的小水滴或冰晶，使能见度降低，形成雾。

雾是悬浮在贴近地面的大气中的大量微细水滴（或冰晶）的可见集合体，能见度在1千米以下的称为雾，能见度在1千米~10 000千米的称为轻雾。在春秋及梅雨季，在锋面到达前的高压回流的影响下，常常会有大范围的、持续的大雾出现。大雾会阻遮能见度，如果能见度不到200米，就会对陆上或海上的交通造成影响。据统计，高速公路上因雾等恶劣天气造成的交通事故大约占总事故的1/4左右。大雾中含有大量有毒有害物质，据测定，雾滴中酸、胺、酚、重金属微粒、病菌含量通常比大气中高出十几甚至几十倍，造成鼻炎、咽炎、支气管炎等疾病发病率显著增高。

（一）大雾的防范

（1）在旅行途中，需密切关注天气预报信息和雾情发生的时段、路段和范围。大雾一旦来临，不仅可能导致恶性交通事故，陆上交通（尤其是高速公路）、水运、航空也往往会陷入停顿。及时掌握出行的天气情况，有助于我们预防大雾造成的出行困难。

（2）在收到大雾灾害预警信号（黄色预警、橙色预警、红色预警）后，应启动相应应急预案，沉着应对各种复杂局面，有条不紊地按预定方案行事，切实增强应对大雾灾害的能力。

（二）大雾中行人的应对

（1）大雾天气尽量不要外出旅行，必须外出时，要戴上口罩，并携带手电筒等照明设备，避免剧烈运动，尽量减少在雾中的时间。

（2）有高血压、冠心病和呼吸系统等疾病患者最好不要在大雾天气时外出。

（3）在熟悉的道路上行走，尽量远离机动车道，因为大雾影响视线，机动车司机往往看不清行人；同时用手电筒显示自己的位置，以引起机动车和他人的注意。

（4）野外遇到大雾要注意保暖；如果遇到大雾时恰好在山里，最好原地等待，等雾散尽再走。

（三）大雾中行车的应对

（1）行车时要打开防雾灯，不要使用远光灯。远光灯的光线被大雾折射容易给对面行驶的驾驶员造成影响，使其视线模糊，极易引发交通事故。

（2）雾中应尽量低速行驶，与前车保持足够的安全车距，在行车中应尽量靠中间行驶，不要压线行驶，否则对面会车很危险。

（3）能见度过低时，应靠边停车，等雾散去再行驶。停车后，要打开应急灯，车上人员应远离路面。

第三节　水难事故的防范与应对

随着旅游业的发展，水文景观成为非常重要的旅游资源。但是，一些水文景观旅游地因地处河、海、湖滨，客观上存在不少水上安全隐患。水难事故指在水体中出现的安全事故，随着滨水和水上旅游项目的出现而出现，包括涌潮、海啸等海难、内河（湖）安全事故。如果旅游者和旅游从业人员不能对水体的这些突发状况做出及时防范和科学应对，旅行团队就会面临危险的境地。

一、涌潮的防范与应对

涌潮一般是由于外海的潮水进入窄而浅的河口后，波涛激荡堆积而形成的，是发生于喇叭形河口或海湾的一种潮差增大的特殊潮汐现象。当涨潮时，潮波进入河口或海湾后，因水域骤然缩窄，底坡变陡，大量水体进入窄道，能量集中使振幅骤增。同时，潮波靠近底部的水体，受底部摩阻等影响，其运动速度较上部水体为小，从而使潮波波峰的前坡面变陡，并随着水深的减少和河水径流的顶托而逐渐加剧。在传播到一定距离后，潮峰壅高前倾，形成潮头，状如直立的水墙向前推进，来势极其迅猛。

世界上有涌潮的河流很多，如中国的钱塘江、南美的亚马孙河、北美的科罗拉多河、法国的塞纳河等，其中钱塘江与亚马孙河、恒河并列为“世界三大强涌潮河流”。

涌潮一般对游客不会造成危害，但在某些时间、某些地点，潮高浪急的情况下，其破坏力巨大，特别是对前来观潮的游客会造成巨大威胁。1993 年的 10 月 3 日，86 人被瞬间冲出堤岸的钱塘江潮水卷入江中，其中 19 人死亡，27 人受伤，40 人下落不明。政府、景区、旅游从业人员和游客等均需加强安全意识，熟悉安全防范知识，降低事故发生的可能性。

（一）了解潮水规律

游客、戏水者和旅游从业人员要增强自我保护意识，充分认识潮水的涨落规律、习性及危险性。要注意媒体发布的潮汛信息。例如：钱塘江潮一日两次，白天称潮，夜间称汐，中间间隔 12 小时，农历初一、十五子午潮，半月循环一周。钱塘江潮潮头最高时达 3.5 米，潮差可达 8~9 米，以每月农历初一至初五，十五至十九为大，故一年有 120 个观潮佳日。潮头推进速度可达每秒 5~10 米，远在百米之外的潮水不到半分钟就能直扑眼前，而且常常会以暗潮的形式出现。所以，在观潮与平时的沿江活动中，要密切注意和防范潮水的袭击。

（二）选择安全区域

观潮与其他沿江活动要以确保安全为前提，选择安全区域和地段，千万不要进入设有警戒标志桩的危险地段、无安全防护措施的堤塘附近以及水上码头、护岸的盘头上观潮，不可越过防护栏到江滩、丁字坝等处游玩、观潮，更不可在江中游泳、洗澡。注意沿江堤坝上的警示标志，并严格遵守。服从管理人员的管理指挥，在划定的区域停车、观潮。

（三）学会科学避险

在面临危险的情况下，不要惊慌失措，要迅速、有序地向安全地带撤退，撤离时不要为了抢救财物而失去宝贵的救助时机，要立即向周边的工作人员或其他人呼救。万一落水或被潮水击打，要尽量抓住身边的固定物，以防被潮水卷走。周边人员在看到有人落水的紧急情况时，要迅速采取救援措施并立即拨打 110 报警。

案例 8-6

钱塘江观潮遭潮水卷走，不幸身亡

2013 年 7 月 17 日，来自四川的三名游客在浙江嘉兴海盐县观海园观潮时，不幸被涨潮的潮水卷走。当地警方接到报案后，立即协同 120 急救、海事处及消防等部门赶往现场救援，并在现场找到其中的两名落水人员。二人在被救援人员拉上岸后，经抢救无效死亡。而另外一名失踪人员也于中午左右被救援人员在水中寻获，并确认死亡。此次遇难的三人均姓刘，分别为两男一女，其中二人年仅 18 岁，另一位则为 21 岁，来自四川泸州古蔺。警方调查得知，三人为初到海盐，因慕名钱塘江大潮的奇观，故结伴前往观潮点。然而，由于对潮水的危险性知之甚少，三人无视警示牌，在潮水涨潮时依旧徘徊在堤岸危险区内玩耍，才酿此悲剧。

请分析：如何防范与应对类似事故的发生？

【分析要点】

1. 增强自我保护意识。
2. 严格遵守警示标志。
3. 掌握自救的方法。

（资料来源：中国新闻网，有改写。）

二、海啸的防范与应对

海啸是一种灾难性的海浪，可由地震、火山爆发、海底滑坡、陨石坠落及人为的水底核爆引发。多数海啸是由震源在海底下 50 千米以内、里氏地震规模 6.5 级以上的海底地震引起的。在一次震动之后，震荡波在海面上以不断扩大的圆圈，传播到很远的距离，正像卵石掉进浅池里产生的波一样。海啸波长比海洋的最大深度还要大，轨道运动在海底附近也没受多大阻滞，不管海洋深度如何，波都可以传播过去。当海底地震导致海底变形时，变形地区附近的水体会产生巨大波动，海啸就产生了。

海啸的传播速度很快，在太平洋，海啸的传播速度一般为每小时两三百千米到 1000 多千米。海啸不会在深海大洋上造成灾害，正在航行的船只甚至很难察觉这种波动。因此海啸发生时，越在外海越安全。一旦海啸进入大陆架，由于深度急剧变浅，波高骤增，可达20~30米，这种巨浪会带来毁灭性灾害。

（一）海啸的种类

海啸可分为三种类型，即火山喷发引起的火山海啸、海底滑坡引起的滑坡海啸和海底地震引起的地震海啸。根据机制可分为两种形式："下降型"海啸和"隆起型"海啸。

1."下降型"海啸

某些构造地震引起海底地壳大范围急剧下降，海水首先向突然错动下陷的空间涌去，并在其上方大规模积聚。当涌进的海水在海底遇到阻力后，即翻回海面产生压缩波，形成长波大浪，并向四周传播与扩散。这种下降型的海底地壳运动形成的海啸波，在海岸首先表现为异常的退潮现象。

2."隆起型"海啸

某些构造地震引起海底地壳大范围急剧上升，海水也随着隆起区一起抬升，并在隆起区域上方出现大规模的积聚。在重力作用下，海水必须保持一个等势面以达到相对平衡，于是海水从波源区向四周扩散，形成汹涌巨浪。这种隆起型的海底地壳运动形成的海啸波，在海岸首先表现为异常的涨潮现象。

（二）判断海啸前兆

1.已经发生地震

如果处在沿海区域，地震海啸发生的最早信号是地面强烈震动，或听到大地不停发出隆隆的巨大响声。地震波与海啸的到达有一个时间差，且地震往往是海啸的"排头兵"正好有利于人们预防。如果听到有关附近地震的报告，或在海边旅游时感到较强的震动，就不要靠近海边、江河的入海口，而应抓紧时间尽快远离海滨，登上高处。地震的传播速度约为8000米/秒，而海啸的传播速度约为200米/秒。所以，地震后完全有足够的时间安全撤离。

2.海面出现水墙

海啸的排浪与通常的涨潮不同，海啸的排浪非常整齐，浪头很高，像一堵墙一样。在海滨游玩，如果突然看到在离海岸不远的海面，海水突然变成白色，并且在它的前方出现一道"水墙"，极有可能是因为海底地层破裂，使海水陡然增高，引起几米甚至几十米高的巨浪，从而形成水墙。

3.海水后撤明显

海啸冲击波的波谷往往先抵达海岸，或者地震引起海底地壳大范围的急剧下降，都会导致海水后撤，表现为异常的退潮现象。如果看到海面后退速度异常快，要立即撤离到地势较高的地方。

4. 听到异常声响

海啸到达前会发出频率很低的涛声，与通常的波涛声完全不同。在海边的游客如果听到奇怪的低频涛声，看到海面冒出许多大大小小的气泡，应尽快撤离。

5. 注意观察动物

当动物出现奇怪的举止时，如突然离开或聚集成群，或进入通常不会去的地方，那么就应该意识到海滩边会出现意外的状况。此外，深海鱼大多生活在 2000 米以下的水中，骨骼和肌肉都不发达，腹部一般薄如蜡纸却富有弹性，视觉退化后一般有长长的触须或发光器。如果发生海啸，巨大的暗流会把深海鱼卷上浅海，由于深海环境和水面有巨大差异，深海鱼一旦到了浅海，就会出现内部血管破裂、胃翻出、眼睛突出眼眶等特征，并很快死亡。因此，当看到海面或海滩上有深海鱼时，要迅速逃离。

案例 8-7

印度洋暴发海啸

2004 年 12 月 24 日，26 名游客和一名领队在某旅行社组织下前往泰国旅游。在 27 日上午，他们随导游员离开普吉岛，前往皮皮岛游玩，大约在当地时间上午 10 点到达目的地。游客上岸后，海水随即上涨，大家起初误以为是涨潮，因而并没有在意。领队蔡玮玮发现海水涨势凶猛后，提醒大家迅速跑向岸边的酒店避险。等到众人跑进酒店大堂，海水已经涨到酒店门口。酒店共有三层，汹涌而至的巨浪一直淹到了二层楼，大家只能困守楼顶，好在海水并未继续上涨。

26 名游客中，有 19 人是中国某工程公司的员工。海啸发生后，被困员工打电话向公司求助，公司立即通过中国外交部请求紧急救援。中国驻泰国大使馆闻讯派人赶赴现场抢险，当时已有 2 人失去联系。直到 26 日晚上，公司才联系上了跟随其他旅行团先期撤回普吉岛的 2 名员工，还有 1 名受轻伤的员工也在第一时间乘坐泰国政府的救援船离开了皮皮岛，并已经接受了治疗。海啸发生后，当地交通部门全力抢救伤员，加上天色已晚，旅行团大部分人当晚在皮皮岛上过夜。27 日中午，他们也被安全转移到普吉岛，最终在一场与海啸的生死赛跑中安全脱险。

但就是这场巨型海啸，造成了 30 万人遇难，其中包括游客 7 万人，很多游客在海岸边活动时被海水吞噬，直接经济损失达300多亿美元，旅游收入损失高达120亿美元。

请分析：这个案例带给我们哪些启示？

【分析要点】

人类对海洋的探索还处在起步阶段，这样一场典型的海洋突发性灾害让所有人都措手不及，造成数目惊人的伤亡。但是作为游客和旅游从业人员，要有安全意识，对异常的海洋性现象要引起足够重视，积极调整活动安排，对突发的状况要有足够的心理准备和应变能力，只有这样才能在危险的环境中安全脱身。

（资料来源：杨晓安主编《旅游安全管理》，有改写。）

（三）海啸的应对

1. 远离海岸

海啸发生前，海水异常退去时往往会把鱼虾等许多海洋生物留在浅滩，场面蔚为大观。但此时千万不要去捡鱼虾或看热闹，应迅速离开海岸，向陆地高处转移。不要去任何靠近海滩的地方或者进入任何靠近海滩的建筑，即使看到的是非常小的海啸，也要立刻离开。海啸的波浪会不断变大并持续撞击海岸，因此下一个巨浪也许就会接踵而来。

2. 跑向内陆或者更高的地方

海啸发生时，要尽可能跑向内陆，离海岸线越远越好。如果时间有限或已身处险境，应选择高大、坚固的建筑物并尽可能往高处爬，最好能够爬到屋顶；海边钢筋加固的高层大楼如酒店，是从海啸中逃生的一个安全场所；不要选择低矮的房子或者建筑材料对海啸没有抵抗力的建筑物；岛屿链、深度浅的海岸和红树林可以分散和减弱海啸，但是无法抵挡非常强劲的海浪。

3. 爬到粗壮的树上

如果已被困，上述所有选择都没办法实行，那就寻找粗壮、高大的树并尽可能往高处爬。尽管存在树被海啸摧倒的风险，但这是所有办法都不起作用时较佳的求生路径。

4. 把船驶向开阔海面

如果收到海啸预警时正在船上，一定不要开回港湾，要尽量开到开阔的海面上。

5. 放弃财产和其他物品

生命比玩具、书籍、日常用品或其他物品更重要，避难时携带它们会缩短求生时间，应果断扔下并努力跑到安全的地方。

6. 海啸发生不幸落水时科学自救

不幸落水时，要尽量抓住大的漂浮物，注意避免与其他硬物碰撞；在水中不要举手，也不要乱挣扎，应尽量减少动作，能浮在水面随波漂流即可；海水温度偏低，不要脱衣服；尽量不要游泳，以防体内热量过快散失；不要喝海水，海水不能解渴，反而会让人出现幻觉，导致精神失常甚至死亡；要尽可能向其他落水者靠拢，以扩大目标，让救援人员发现。

7. 时刻保持与外界的联系

如果避难的地方有收录机，应打开它并不断接受最新信息，时刻保持与外界的联系，不要轻信谣言。

8. 在外要停留数小时，直到得到准确的信息

海啸可以持续撞击海岸达数小时，因此危险不会很快过去。除非从应急服务机构得到了确定的消息，否则不要匆忙返回。在没有得到确切消息前，要耐心等待。

第四节　动物危害的防范与应对

在旅游活动过程中，游客要去一个陌生的开放环境旅行，有可能会受到昆虫以及部分野生动物的威胁或伤害，在野外发生的概率会更大。这些都可能引发游客恐慌的情绪，威胁游客的人身安全，影响旅游业的健康发展。因此，旅游从业人员和游客应充分认识动物类危害，并学会采取有针对性的预防和应对措施。

一、蛇类危害的防范与应对

全世界共有蛇类2500余种，其中毒蛇650余种，每年被毒蛇咬伤致死者约有20 000~25 000人，以东南亚国家居多，我国广东、福建、浙江、江苏、云南、贵州、四川、湖北、湖南、江西等地也均有发生。咬伤部位以手、臂、足、腿为常见。每年4~11月是蛇类活动的季节，在森林和草地旅行时需要提防。

（一）防范措施

野外旅行时，尤其是在夜间，最好穿长袖衫、长裤、长靴、戴帽子，携

带照明工具，防止踩踏到蛇体招致咬伤，还应常备解毒药品以防不测。蛇一般不会主动伤人，不要轻易尝试抓蛇或逗蛇。当蛇盘起之时是最危险的，平时蛇咬人的情况多是因为有人挑逗或蛇为保护其幼卵。打草惊蛇是常用的办法，在潮湿的草丛、林间及灌木丛里或者大雨前后，可用棍棒或拐杖等拨草开路，使蛇惊吓而逃。

选择宿营时，要避开草丛、石缝、树丛、竹林等阴暗潮湿的地方，将一些雄黄粉之类的驱蛇之物撒在帐篷或营地四周。在山林地宿营时，睡前和起床后，应检查有无蛇潜入。进入山区、树林、草丛地应穿好鞋袜，扎紧裤腿，不要随便在草丛和蛇可能栖息的场所坐卧，看见蛇要绕开走。在未经详细查看之前，不要随意翻动石块或空手伸入中空的原木或浓密的杂草堆中。

如果蛇已经被惊动并且向人攻击时，要站在原地不动，拿出手巾之类的东西抛向别处，将蛇的注意力引开。随后，用带杈的长棍挑开或猛击其离头部 7 寸处的心脏。若被蛇追逐时，快速向上坡方向以 S 形路线奔跑，切勿直跑或直向下坡跑。

（二）应急措施

1. 快速鉴别

在野外旅行时被咬伤，未看见蛇时，要注意排除黄蜂、蝎子和蜈蚣等蜇伤或咬伤的可能；一旦确定被蛇咬伤，要迅速判断是否为毒蛇咬伤。

被毒蛇咬伤的伤口，会有两个明显的毒牙痕，有时也可见到 1~3 个毒牙痕。在毒牙痕的近旁有时可见两个小牙痕，也可能出现 1~3 个小牙痕。同时，会有局部及全身中毒表现，即咬伤 20 分钟后伤口出现红肿、疼痛，并伴有神经、心血管异常等全身症状。

非毒蛇咬伤，伤口有四行或两行锯齿状浅表且细小的牙痕；局部仅出现轻微的疼痛或有少许出血，但很快会自然消失，无全身中毒症状。

2. 防止毒液扩散和吸收

被毒蛇咬伤后，不要惊慌失措，应尽量减少运动，避免血液循环加速。伤者应立即坐下或卧下，将伤肢置于最低位置，迅速用可以找到的橡皮带或鞋带、布条、草绳、藤类等在伤口近心端约 10 厘米处进行结扎。结扎后每 30 分钟左右松解一次，每次 2~3 分钟，以免影响血液循环造成组织坏死。有条件时可以用冰块、冷泉水或井水浸泡伤肢，进行局部冰敷，从而减慢蛇毒的扩散。结扎时间一般应小于两小时，应在医生许可后方可解除。

3. 迅速排除毒液

结扎后，可用凉开水、泉水、肥皂水、1∶5000 的高锰酸钾溶液或双氧水等冲洗伤口及周围皮肤，以洗掉伤口外表毒液；若周围实在没有，可用人尿代替，但不可用酒精或酒冲洗伤口。如伤口内有毒牙残留，应迅速挑出，然后用小刀或碎玻璃片等其他尖锐物（使用前最好用火烧一下消毒），以牙痕为中心作十字切开，深至皮下，然后用手从肢体的近心端向伤口方向及伤口周围反复挤压，促使毒液从切开的伤口排出体外。边挤压边用清水冲洗伤口，冲洗挤压排毒须持续 20~30 分钟。此后如果随身带有茶杯，可对伤口做拔火罐处理，利用杯内产生的负压吸出毒液。如无茶杯，也可用嘴吮吸伤口排毒，但吮吸者的口腔、嘴唇必须无破损，无龋齿，否则有中毒的危险。吸出的毒液随即吐掉，吸后要用清水处理口部。

4. 与医院联系

完成上述处理后，要尽快用担架、车辆送伤员前往医院做进一步的治疗，以免出现在野外无法处理的严重情况。转运途中要消除伤者的紧张情绪，使其保持安静。

<<< 案例 8-8 >>>

蛇出没 3 天，11 人被咬伤

2020 年春，很多被疫情憋坏了的人们赶着去亲近大自然，蛇虫意外咬伤事件又开始多起来。记者从宁波市中医院蛇虫伤救治中心了解到，“五一”小长假前三天就收治了 11 名被蛇咬伤患者。而自 4 月份起，医院已经收治的毒蛇咬伤患者多达 23 人。蛇虫伤救治中心主任叶静静说，一周前收治的两名被五步蛇咬伤的患者，都是下午四五点钟在山上的树丛中不小心受到毒蛇的攻击，被咬伤后不久局部肢体就已经肿胀很明显了，被紧急送到了宁波市中医院。其中有一名余姚的患者，被蛇咬伤之后自行处理，划了个十字切口，结果患处更肿了。医院及时为他们进行解毒救治，并使用特色中药解毒外敷。第二天，两名患者的血小板已经基本恢复正常，局部的肿胀逐渐好转，目前已经出院。这种快速的恢复不但得益于积极有效的中西医结合治疗，更取决于患者送医就诊的时间。据介绍，一般在 4 小时内能就医并进行适当治疗的，患者的生命安全相对能够保证，也能极大地减少毒液对心、肝、肾等重大脏器损害的风险。

请分析：外出游玩时，游客该如何防止被蛇虫咬伤？

【分析要点】

首先，在野外遇到各种蛇虫攻击时不要慌张，不要仓促乱跑，一方面容易惊惹蛇类继续攻击，另一方面血液流动加快，会加速毒素的吸收和扩散。

如果有条件，可以拍下蛇的照片记下蛇的品种，或者打死后一并带到医院，这有利于医生快速辨别毒蛇品种，更快地对症施治。被蛇咬伤后可以做局部冲洗，第一时间挤压伤口血液，在距伤口10厘米左右可用扎带绑定，尽快送到专科医院进行有效救治，切莫自行处置，或拒绝就医耽误病情。同时注意每30分钟左右松绑2~3分钟，防止肢端缺血坏死，切忌盲目切排伤口，因为蛇毒会影响凝血功能，反而可能会导致出血不止。

在野外活动中尽量提高警惕，如穿着高筒胶鞋、带护具、行走时一路发出声响打草惊蛇等；此外，由于蛇虫基本上为夜间活动，所以傍晚时要避免在山间、田地、荒草中行走。

（资料来源：2020年宁波日报，有改写。）

二、兽类动物危害的应对

在旅行中，如果遇见兽类，应强迫自己迅速冷静下来，正视它的眼睛，让它看不出你的下一步行动。保持警惕，但不要主动发动攻击，这样会暴露自己。尽可能不要上树，除非它没有发现你，或者你自信后援小组能及时赶来。应面对对方，慢慢地匀速向后退，即便对方没有跟近，也不要快跑，如果它跟进，则要立即停止后退。切忌背对对方，在自然界中这样做等于表明自己是被猎者。

（一）狗咬伤

在一般情况下，只要不去主动惹狗，它就不会咬你。不要抱陌生的狗，或是将脸靠到它们的面前；当看见垂头丧气、伸出舌头、拴在链子或其他紧固件上的狗时，要远离它；当被狗追时，一定要马上蹲下，并捡起石头扔过去，不管有没有石头，狗就会马上跑开；跟恶犬搏斗时，一定要用脚踢它的鼻子；一旦被狗追咬，用你的手臂挡住它，如拿着一个袋子或衣服，可以挥动它以威慑咬你的狗；如果附近有高处，尽量站在高处躲避。

被狗咬伤之后，如果处理不当，容易导致伤口的细菌感染，会引起炎症流脓，影响伤口的愈合，而且会引起狂犬病毒的感染。因此，如被狗咬伤，应立即用干净水冲洗伤处，尽量挤出、清除伤口处被污染的血液，用浓度为20%的肥皂水或0.1%苯扎溴铵（新洁尔灭）反复冲洗伤处30分钟，再用干净布料包扎，不要在伤处涂擦任何软膏或其他类似物。经过上述伤口处理后，应尽快至医院注射狂犬病疫苗和破伤风抗毒素，严重咬伤或近中枢性咬伤，应先注射抗狂犬病血清或免疫球蛋白。

（二）狼跟随

狼与狗很相似，万一在野外旅行中遇到狼，要注意识别，及时做好防范。两者有三点明显的区别。

（1）尾巴。狗的尾巴细而上卷，会摇摆；狼的尾巴短而下垂，夹在两腿间，呈蓬松状；

（2）耳朵。狗的耳朵通常耷拉着，而狼的耳朵直竖；

（3）嘴巴。狗的嘴粗而短，而狼的嘴尖而长，口也较为宽阔。

当发现有狼跟随时，应尽快回到公路或安全营地。若距狼较近时，一时跑不掉，可以蹲下，晃动手杖或树枝等物，使狼不敢贸然进攻，然后伺机逃跑。狼怕大的声响，可将随身的收音机、手机等开到最大音量，或敲击水壶、铁盒等。狼晚上怕火和亮光，可以烧火堆、用手电筒的亮光吓走狼。狼是“铁脑袋、豆腐腰”，若狼扑上来时，可攻击其腰部。狼会绕到人的身后攻击，此时切勿回头，要缩头耸肩，让狼转到人面前，然后猛击其下颌。发现有狼痕迹的地方，不要在那里过夜或夜间穿行。

（三）熊袭击

在野外，声音会传得很远，熊在附近活动时会有“噼噼啪啪”的声音。还可以通过熊的粪便和足迹判断是否有熊，并根据粪便的新鲜程度和足迹的新旧、方向来判断熊的位置、距离等信息。熊一般只在两种情况下主动袭击人类：你站在熊和熊的食物之间，你站在母熊和小熊之间。研究表明，熊不怕火，但害怕没听过的声音。遇到熊时可以想办法弄出各种各样奇怪的声音，也许会吓跑它们。所以，当你在有熊出没的地方旅行时，最好带上口哨，一路走一路吹，熊听见后就会躲开。

三、昆虫纲动物危害的应对

在旅游活动中，任何地方都有可能遇到昆虫叮咬，在野外遇到的概率会更大。容易对游客造成危害的昆虫纲动物主要是蚊虫、蜜蜂、蜱和毛虫。

（一）蚊虫叮咬

外出旅行时不要让身体暴露太多，露出的皮肤可涂抹上防蚊露，尽量避免在黄昏蚊虫活动高峰时外出；不要去景区以外的树林、草丛、灌木丛、沼泽地和潮湿的地方；不使用含有香味的洗涤剂、护肤品、香水；野外旅行应穿长袖衣裤，扎紧袖口、领口；一次口服 200 毫克维生素 B_1，可有效避蚊两天；吃大蒜，用薄荷叶或西红柿叶擦身，也能起到驱蚊作用；宿营时，可烧些艾叶、青蒿、柏树叶、野菊花等驱蚊；在室内睡觉时使用电蚊香驱蚊，不在地面上直接铺垫睡觉；夏季出汗多，易吸引蚊虫叮咬，应经常洗澡（水温以 30℃ ~40℃为宜）以去除身上的汗味。

被蚊虫叮咬后，不要用手搔抓皮肤，避免抓破；可以用盐水、氨水、肥皂水等擦洗患处止痒消毒；也可以用绿药膏、花露水、风油精等，涂抹叮咬处止痒；如果皮肤并发感染，可以用红霉素药膏涂抹在叮咬处；如果引发过敏性皮炎，可口服抗组胺药物；必要时应该去医院皮肤科就诊。

（二）蜂蜇伤

蜂蜇伤，是被蜂尾蜇伤，毒液注入人体或伴刺留皮内，导致局部出现红肿刺痛，甚至或有头晕恶心等症状的中毒性疾病。被少量蜂蜇伤，一般无全身症状。若被大量蜂蜇伤，可能会产生大面积肿胀，引起组织坏死，重者会出现恶心、发热、无力等全身症状，甚至出现过敏性休克或急性肾功能衰竭。大黄蜂蜇伤，更可导致昏迷、抽搐、休克、心脏和呼吸麻痹等，严重者可致死亡。

在穿越丛林时不要去招惹蜂类，尤其不要去捣毁蜂窝。遇到群蜂袭来，不要乱跑；遭到蜂攻击时，不要试图反击，要用衣物保护好自己的头颈和面部，反向逃跑或原地趴下，也可潜入水中。

被蜂蜇后不要紧张，保持镇静。如有毒刺蜇入皮肤者，先设法拔除蜂刺，但不要挤压；然后清洗伤口，最好用温水、肥皂水、盐水或糖水，也可以用嘴吸出毒液，其中黄蜂、马蜂、胡蜂的毒为碱性毒液，可以用醋清洗伤口；再用浓度为 3% 的氨水、5% 的苏打水甚至尿液湿敷伤口，或者用大蒜、生姜、韭菜、马齿苋、鲜蒲公英等捣烂后取汁涂于患处，还可用冷水浸透毛巾敷在伤处，减轻肿痛；可以口服消炎药或涂抹万花油、红花油、绿药膏等；注意保持呼吸道通畅，对呼吸异常者提供口对口人工呼吸，对严重蜂蜇伤者应尽快送医院诊治。

（三）蜱叮咬

蜱，又名蜱虫、壁虱、扁虱、草爬子，是一种体形极小的蛛形纲蜱螨亚纲蜱总科的节肢动物寄生物，仅约火柴棒头大小。它们常蛰伏在浅山丘陵的草丛、植物上，或寄宿于牲畜等动物皮毛间。不吸血时，小的干瘪绿豆般大小，也有极细如米粒的；吸饱血液后，有饱满的如黄豆大小，大的可达指甲盖大。蜱虫掉到人身上后会往身上钻，用头部钻入皮肤。蜱叮咬人后会散发一种麻醉物质，再将头埋在人皮肤内吸血，同时还会分泌一种对人体有害的物质。蜱虫钻入人体需及时取出，若不及时取出，轻者数年后遇阴雨天气患处便瘙痒难忍，重者高烧不退、深度昏迷、抽搐，引发森林脑炎。

蜱叮咬的无形体病属于传染病，人对此病普遍易感，与危重患者有密切接触、直接接触病人血液等体液的医务人员或其陪护者，如不注意防护也可能感染。

全世界已知蜱类有800多种，中国近100种，主要分布在个别丘陵地带。该寄生虫极其喜欢皮毛丛密的动物，尤其喜欢黄牛，经常可以在黄牛的脖子下方、四腿内侧发现其身影，多时会聚集成群，并且非常不容易剔除。在四川、云南、贵州等地农村极为常见。

在蜱虫活动频繁的5~8月，应尽量少去它们经常出没的地方旅行；要是不得不进入森林或草丛时，一定要穿防护服，扎紧裤脚、袖口和领口，确保皮肤不裸露。一旦被蜱虫叮咬千万不可用手强行拔除，以免其刺针断于皮肉内。可用点燃的烟头烘炙，或对准蜱的身体滴一滴碘酒，使蜱自动脱掉或退出伤口。在伤口处涂抹肥皂水或碳酸氢钠等，具有消肿、止痛的作用，伤口化脓感染时，应使用抗生素抗感染。被蜱叮咬后若有神经症状出现，如吞咽困难、呼吸困难，以及吸入性肺炎者应速去医院就诊。某电视台曾播出有两例患者，其中一例是自行取出虫身将头留在了皮肤里，治好后全身瘫痪无力，不能自行站立。

图8–2 一只吸饱血的蜱虫

（四）毒毛虫侵害

在旅游中经过一些毒毛虫高发区（如马尾松林）时，应穿防护服或稍厚的衣服，戴帽子和手套，减少暴露部位。

遭到毒毛虫侵害后，千万不要抓挠或乱摸，首先要细心地把毛虫从身上清除，切忌用手直接去拿，再用透明胶带或医用胶布把毒毛反复粘去，或在放大镜下将毒毛拔除，用碱性液体中和毒液，然后用碘酒涂抹患处。在野外时，可就地采些蒲公英或马齿苋、紫花地丁等清热解毒的草药，揉烂涂擦或捣烂外敷，如果有全身症状或发生严重皮疹，可内服息斯敏等抗过敏药物，严重者应及时去医院治疗。

四、多足纲动物危害的应对

在旅游活动中，容易对游客造成危害的多足纲动物，主要有蝎子、蜈蚣、毒蜘蛛。

（一）蝎子蜇伤

蝎子的腹部有一对毒腺，能分泌出一种类似蛇毒的神经毒。蝎子蜇伤人，会引起伤者局部或者全身的中毒反应，还会出现剧痛、恶心、呕吐、烦躁、腹痛、发烧、气喘，重者可能出现胃出血，甚至昏迷，儿童可能因此而中毒死亡。据报道，6 岁以下的儿童被蝎子蜇伤的死亡率高达 10%。被蝎子蜇伤后，应立即拔出毒刺，进行局部冷敷，以减少人体对毒素的吸收。伤口处理方法是用橡皮筋、布条或绳子等在伤口上方扎紧，以防止毒素进入体内。同时用洁净的水冲洗伤口，不断用手挤出毒素，然后在伤口周围涂上蛇药片液或虫咬皮炎药水。可见，蝎子伤人的急救方法与毒蛇咬伤的处理方法大致相同。不同之处在于蝎子毒是酸性毒液，冲洗伤口时应该用碱性肥皂水反复冲洗，这样可以中和毒液，然后再把红汞涂在伤口上。如果游客中毒严重，导游员应该立即送其去医院抢救。

（二）蜈蚣刺伤

蜈蚣为有毒动物，其毒液中含组胺样物质及溶血蛋白质等有毒成分。游客在野外、山地旅游或露天扎营过夜时，有可能被蜈蚣刺伤，刺伤后一般有红肿热痛现象，可发生淋巴管炎和淋巴结炎。严重中毒时会出现发烧、恶心、呕吐、眩晕、昏迷。一般来说，出现这种情况对成人无生命危险，但儿童可能导致中毒死亡。蜈蚣毒性同蝎毒一样是酸性毒液，被其咬伤后，首先立即用肥皂水、石灰水、碳酸氢钠等碱性溶液冲洗，然后涂以浓度为 5% 的氨水或 5%~10% 的小苏打水。其次，对疼痛剧烈者，可适当服一些止痛药；有过敏现象者，可使用镇静剂。最后，在野外时可采摘蒲公英、七叶一枝花、半边莲、马齿苋、紫花地丁、鱼腥草等中草药，任选一两种捣烂敷伤口，或用生白矾加水研汁涂在患处。中毒严重者，如出现全身症状甚至昏迷，均应立即送往医院救治。

（三）毒蜘蛛咬伤

毒蜘蛛的毒性很大，可能导致肿痛、头昏、呕吐、虚脱，严重者甚至死亡。被毒蜘蛛蜇咬后，要迅速采取急救措施，具体做法与毒蛇咬伤的处理相似。在伤口上方结扎止血带，以防止毒素扩散。缚扎后每隔 15~30 分钟放松一分钟。限制伤肢活动，并冷敷伤口周围。冲洗伤口并抽吸毒液，用蛇药或半边莲、七叶一枝花等捣烂敷贴伤口周围。中毒严重者应迅速送医院急诊。

五、水生动物危害的应对

在旅行中，容易对游客造成危害的水生动物主要有水母和蚂蟥。

一些海滨旅游地存在有毒水母的危害，如澳大利亚昆士兰州的大堡礁，在这些旅游地的海滩上，要当心水中和沙滩上的水母，即使是与水母分离的触手也可能蜇伤人。在一般情况下，人被水母蜇伤时，会突然感觉刺痛或烧灼感，迅速出现成簇的片状、条带状风团、红斑、丘疹、水疱，痒痛难忍。严重者会出现荨麻疹样皮疹，全身伴有过敏性症状，如口渴、乏力、出冷汗、胸闷、呼吸困难、血压下降等，治疗不及时可因呼吸困难、肺水肿而死亡。如果被水母蜇伤，要立即上岸，千万不要用淡水冲洗，淡水会促使刺胞释放毒液，而应尽快用毛巾、衣服、干沙擦去黏附在皮肤上的触手或毒液；可用碱性溶液于蜇伤处冷敷，如 5%~10% 的碳酸氢钠溶液、明矾水或 1% 氨水，或者用酒精、醋或尿清洁受伤部位；可用抗组胺类药物，如扑尔敏等涂抹，重者可用肾上腺皮质激素。如果有过敏反应，如气短、麻疹、呼吸困难等，应尽快到医院进行救治。

蚂蟥分旱地蚂蟥和水蚂蟥等多种。旱地蚂蟥一般生长在潮湿、低海拔（3000 米以下）的地方，多活动在道路边的草丛中。人经过时会惊动它们，并爬到人身上吸血。在有蚂蟥活动的山地、池沼处旅行时，应将裤脚扎紧，洒上风油精，在腿上、手上涂一些刺激性药物。如果在蚂蟥多的地方，还要不时挽开裤袖察看。发现蚂蟥叮咬皮肤时，不要硬拉，要用拳或掌击拍，或用烟头、醋、酒精、盐水等刺激其头部，使其自行脱离，然后止血。伤口可用硼酸溶液或 1% 的苏打溶液冲洗，并用碘酒消毒后包扎。

《《《 案例 8-9 》》》

女子鼻腔取出活水蛭！只因她做了这件事

很多人喜欢周末爬山健身，遇到山泉水，可能还会洗把脸，但最近市民余女士因为这个举动，身体差一点就出大事。2020 年 12 月某日，宝安区中心医院耳鼻喉科来了一位 26 岁的患者余女士，她说自己这几天总感觉鼻子不舒服，打喷嚏流鼻涕有 5 天了，还总感觉鼻子痒痒的，像有东西在爬。医生检查以后发现，她的鼻子里竟然有一只活水蛭！也就是俗称的蚂蟥。蚂蟥生活在内陆淡水水域，喜欢吸食血液，一旦被这种滑环节嗜血性的动物盯上，它会悄无声息地将吸盘牢牢扎进人的皮肤，如果强制拔下还可能留下残肢在体内引起感染。随后，医生在鼻内镜直视下，用异物钳将它取出，经测量竟然长达 6 厘米！医生描述说："我们当时首先用枪状镊去取它，但是这个东西是活的，我们一触碰它，它就躲起来了。后来我们用了一个负压的吸引器，就完整地把它吸出来了。"患者自述有外出旅游史，曾接触不洁水源。医生说："水蛭幼虫体积细微，不易被肉眼觉察，如果饮用山泉水、溪水或到河里游泳时，漂浮在水中微小的幼虫容易经上呼吸道进入鼻腔。水蛭叮咬初期，人不会感到疼痛或仅感觉到瘙痒。直到水蛭吸血后离开，或取掉水蛭时才感觉到疼痛。"经过了解，余女士在感到不适之前去了深圳周边几个城市旅游，在旅游中有接触过不干净的水，并用来洗脸；返回深圳之后，就开始感觉到鼻子不舒服，刚开始以为是呛水了，所以没有注意。一直到感觉鼻子里有东西在爬，才到医院就诊。

请分析：针对水蛭（蚂蟥）叮咬，游客应如何防范与应对？

【分析要点】

旅游时，应远离不洁水源。如果水蛭吸附在皮肤上时千万不能拉扯，否则吸盘会越拉越紧，一旦水蛭被拉断，其吸盘就会留在伤口内，容易引起感染或溃烂。如果不小心被水蛭叮咬，应该这么做：

1. 可轻轻拍打叮咬部位四周，使水蛭因震动而松开吸盘自行掉落；

2. 将食盐、浓醋、酒精等撒在虫体上，使其受刺激松开吸盘自行掉落；

3. 若水蛭钻入鼻腔，可以用蜂蜜滴入鼻腔中将水蛭诱出；当然最重要的是要及时去医院就诊。

（资料来源：腾讯网 广东公共频道，有改写。）

本章小结

本章对旅行过程中可能遭遇的突发性自然灾害进行梳理，针对较为常见的安全事件进行列举说明，提出行之有效的防范措施和应对方法，是旅行安全管理较为重要的实操性保障内容，是全书实践意义最强的组成部分。

思考与练习

一、练一练

1. 在各种自然灾害的直接经济损失中，损失最大的是（　　）。

A. 气象灾害　　B. 地震灾害

C. 海洋灾害　　D. 森林生物灾害

2. 泥石流发生前的迹象是（　　）。

A. 河流突然断流　　B. 连续降雨

C. 地震　　D. 雷电

3. 地震发生后，从高楼撤离时应（　　）。

A. 走安全通道　　B. 跳楼

C. 乘坐电梯　　D. 从窗户抓绳下滑

4. 在野外，高的物体容易被雷电“选中”。因此，雷电发生时，正确的做法是（　　）。

A. 趴下　　B. 蹲下　　C. 卧侧　　D. 跨步

5. 当日最高气温大于（　　）摄氏度的酷热天气时，应停止旅游活动。

A. 30　　B. 32　　C. 35　　D. 38

二、安全小课堂

参考答案

1. 旅游过程中，如何做好地震灾害的防范？

2. 在旅游景区，有一名游客被毒蛇咬伤，导游员应该如何应对？

3. 在外旅游时，台风来临，应该如何处理？

4. 在旅游过程中遇到山洪或泥石流，应如何应对？

5. 列举旅游中发生海啸身处困境时的应对措施。

三、情景训练

以小组为单位，模拟演练地震自救和互救操作。

参考文献

[1] 孔邦杰 . 旅游安全管理 [M]. 上海：上海人民出版社，格致出版社，2019.6.

[2] 杨晓安 . 旅游安全综合管理 [M]. 北京：中国人民大学出版社，2019.8.

[3] 任鸣 . 研学旅行安全管理 [M]. 北京：旅游教育出版社，2020.8.

第九章

旅游突发事件的安全防范与应对

本章重点

旅游突发事件，指突然发生的造成或者可能造成旅游者人身伤亡、财产损失，需要采取应急处置措施予以应对的自然灾害、事故灾难、公共卫生事件和社会安全事件。本章包括旅游安全问题类型及管理、旅游常见意外的防范与应对、旅游事故灾难的防范与应对和旅游卫生事件的防范与应对，重点掌握这些突发事件的防范与应对。

学习要求

了解旅游安全问题类型及管理、旅游过程中的突发事件，熟悉并掌握游客走失，行李、证件、财物的遗失，交通事故，火灾事故，治安事故，公共卫生事件，常见疾病的防范措施和应急处理办法以及旅游健康管理常识，提升旅游安全防范意识，确保旅游活动顺利开展。

本章思维导图

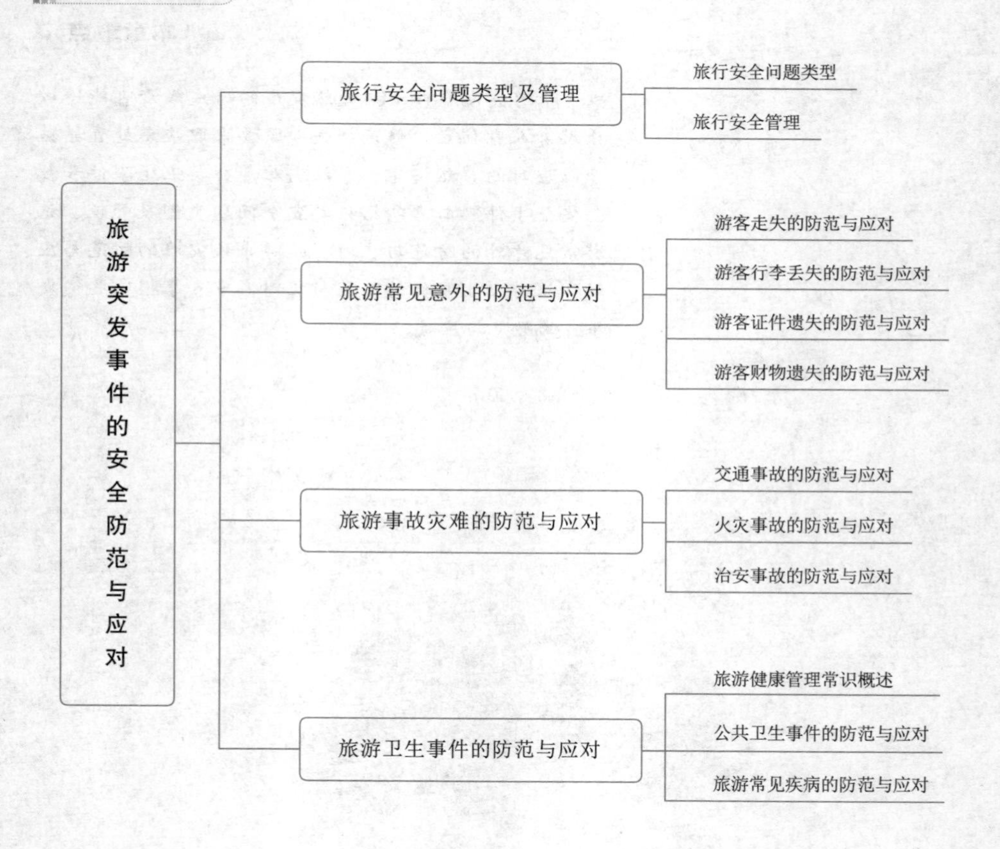

第一节 旅行安全问题类型及管理

旅行是旅游者借助各种交通工具或交通方式，由居住地到旅游目的地或由旅游目的地到居住地，或者是旅游目的地之间的空间位移活动。旅行安全问题主要有旅游交通事故、疾病、犯罪、自然灾害以及特殊事故等。其中，旅游交通事故、犯罪是最突出的安全问题类型。

一、旅行安全问题类型

（一）旅游交通事故

旅游交通事故是旅行安全问题最主要的表现形态，也是旅游活动各环节中影响最大、发生频率最高的安全问题类型。按照交通工具形式，旅游交通事故可以分为一般道路交通事故、高速公路交通事故、水难事故、航空事故以及特殊旅游交通工具事故等。

（二）旅行中疾病

旅行途中的疾病指旅客在旅途中因个人身体原因或他人原因而引发的，或被传染而引发的各种疾病，同时也包括因运动量大、旅途劳累、交通工具颠簸、交通工具内气压变化以及噪声、污染等因素造成或引发的相关疾病。旅游者的旅行疾病主要包括晕动症、航空性中耳炎、“上火”、时差反应、传染病等类型。

（三）旅行中犯罪

指旅行过程中发生在旅游者身上的抢劫、偷窃、欺诈、人身攻击等安全事件。旅行是一个空间移动过程，来往人员鱼龙混杂，存在着各种不安全因素。身处异地的旅游者很容易成为犯罪分子的目标，因此旅行中的犯罪行为时有发生。

（四）旅行中的黄赌毒现象

指在旅行过程中播放色情影碟、嫖娼卖淫或引诱游客参与黄赌毒等活动的行为。如犯罪分子在车上利用赌博诈骗财物，或者在旅行中通过各种手段引诱旅游者吸毒，甚至利用旅游者携带毒品和运输毒品，帮助犯罪分子进行毒品交易等。

（五）自然灾害

具体内容详见第八章。

（六）旅行社业务事故

旅行社业务事故特指旅行社接待服务中出现的漏接、错接、空接、误机、误车（船）等相关业务事故。

二、旅行安全管理

（一）加强旅游行程中的交通安全管理

旅游活动组织者应遵守道路交通、铁路交通、水上交通和航空运输等交通法律法规，积极购买交通保险。

（二）加强旅游汽车安全管理

旅游活动组织者应选用合格的旅游汽车，杜绝隐患汽车上路，同时加强对驾驶员的监管，避免违法驾驶、疲劳驾驶等。

（三）加强对水上交通工具的安全管理

涉水安全事故是多发的安全事故类型，水上旅行安全防范与管理工作涉及航运码头、船运公司、船员及旅客等多方面，安全防范与管理工作的重点应放在加强宣传教育、健全制度法规建设、完善安全管理体制、提高从业人员素质和强化现场管理等方面。

（四）加强对旅行中疾病的防范与控制

由于旅行交通工具中人员聚集度高，车厢、机舱内空气流通较为不畅，若有传染病源存在，交通工具内的旅客极易被传染。汽车、火车、飞机以及轮船等交通工具上的工作人员要加强对传染病危害的认识，杜绝或减少传染病源进入交通工具，保持交通工具中空气的畅通。

（五）加强对旅客过度生理反应的防范与控制

对患有晕动症、航空性中耳炎、“上火”、时差反应的旅客应加强关注和照顾。

第二节　旅游常见意外的防范与应对

旅行团进行旅游活动时，往往会因为一些不可预测的因素导致意外问题和事故的发生。旅游常见意外包括游客走失、行李丢失、证件遗失、财物遗失等。对于游客而言，任何问题和事故的发生都是不愉快的体验。因此，一旦发生意外问题和事故，旅游从业人员必须要进行及时有效的处理，尽量将人员损伤、财物损失以及消极影响降到最低限度。维护游客人身和财物的安全，预防和处理旅游意外问题和事故是旅游从业人员的基本职责之一，也是对旅游从业人员基本职业素质、灵活应变和处理问题能力的考验。

一、游客走失的防范与应对

参观游览活动或游客进行自由活动时，游客走失的意外事故时常发生。造成游客走失的原因多种多样，主要原因有：第一，提醒工作不到位，如没有讲清楚参观游览的路线、集合的时间和地点、停车位置以及旅行车标识等；第二，自身业务素质不过硬，如旅游从业人员的讲解不能吸引游客，致使游客跟随其他旅行团参观游览，或者游客因为摄影、上卫生间等情况造成脱团、走失，而旅游从业人员未能及时发现等；第三，游客自身防范意识不够强，如游客自由活动或外出购物时，没有记清楚下榻饭店的名称、地址以及行走路线而走失。

无论何种原因造成的游客走失，都难免会影响游客的情绪，有损旅行社的声誉。旅游从业人员要有强烈的责任心，做好各项预防工作，尽可能避免发生游客走失事故。一旦发生，也要保持冷静的头脑，采取积极有效的措施进行处理。

（一）游客走失的防范

1. 提前熟悉行程

每天出游前，旅游从业人员要提前预报当天的行程安排，让游客知晓游览和用餐的地点、时间等。

2. 提醒注意事项

下车进入游览景点前，旅游从业人员要让游客知晓景区游览时间及集合时间，旅行车的标识、停放位置及开车时间；留记联系方式，以便随时寻求旅游从业人员的帮助。

3. 经常清点人数

旅游从业人员之间要相互配合，旅行团行进过程中要经常清点人数，尤其是活动场所转换时。

4. 巧用说明卡

旅游从业人员要提醒游客记住下榻饭店的名称和电话号码，或者向游客发放下榻饭店名片，以便游客不懂本地语言或迷失方向时，可问路使用或者电子导航使用。

（二）游客走失的应对

1. 游览活动中游客走失的应对

（1）了解情况，迅速寻找

旅游从业人员应立即向同团游客、景点工作人员和其他人员了解情况，分析走失者可能走失的时间、地点，迅速寻找走失的游客。旅游从业人员之间要紧密配合，一般情况下是全陪和领队分头寻找，地陪带领其他游客继续游览。

（2）争取相关部门的协助

如果短时间内找不到走失的游客，应该立即向游览地的派出所或管理部门报告，请求他们帮助寻找。

（3）与下榻饭店联系

与旅行团下榻饭店取得联系，查看游客是否已经回到饭店休息。

（4）向旅行社报告

如果一直未能找到走失的游客，要向旅行社及时报告，说明情况并请求帮助，必要时请示领导，向公安部门报案。

（5）做好善后处理工作

找到走失的游客后，要安抚游客的情绪，分析走失的原因。如果是旅游从业人员的原因造成的，应向游客赔礼道歉；如果是游客自身原因造成的，要善意提醒，避免此类事故再次发生。

（6）写出事故报告

写出事故报告，详细记录游客走失经过、寻找经过、走失原因、善后处理情况以及游客的反馈等。

2. 自由活动中游客走失的应对

（1）立即报告旅行社，请求帮助

游客走失后，旅游从业人员应立即向旅行社报告，请求帮助寻找。如果没能找到游客，应通过有关部门向事故发生地所在辖区公安部门或派出所报案，提供走失者可辨认特征，请求帮助寻找。

（2）做好善后处理工作

找到走失游客后，要安抚游客的情绪，问明走失原因，善意提醒，避免此类事故再次发生。

（3）做好连环事故处理工作

如果游客在走失后发生其他事故，要根据具体情况作为交通事故、治安事故或其他事故处理。

‹‹‹ 案例 9-1 ›››

游客在八达岭长城参观时走失了

海南某旅行社组织的旅行团在北京八达岭长城参观游览时，地陪小李在游客下车前，向游客详细交代了游览的时间、上车的地点、车牌号码及标识等事项。下车后，在景点示意图前，小李又向游客交代了游览路线、集合时间、集合地点。

在参观游览过程中，65 岁的老赵因为中途上卫生间而走失。地陪小李得知老赵走失后，立即通知全陪。全陪进行寻找，小李带领旅行团继续进行参观游览。经过努力，最终在旅行团登上旅游大巴时找到走失的老赵。

请分析：如果你是小李，应该如何处理本次事故？

【分析要点】

本次走失事故发生在参观游览过程中。得知游客走失后，要分析游客可能走失的时间、地点，然后请全陪配合寻找；如果未能及时找到游客，可以向景区管理部门或事故发生地所在辖区派出所请求帮助寻找；和下榻饭店联系，向旅行社汇报；找到走失游客后，要做好善后工作；写出本次事故报告。

二、游客行李丢失的防范与应对

游客行李遗失或损坏主要发生在公共交通运输和行李搬运的过程中，一旦发生行李遗失事故，将会给游客的旅行带来诸多不便，进而影响到游客的情绪，这种不良情绪不利于旅游活动的顺利开展。因此，旅游从业人员不仅要尽可能预防行李丢失，一旦发生行李丢失事故，还要能够采取有效措施进行处理，将游客的损失降到最低限度。

（一）行李丢失的防范

为了防止旅行团行李丢失，应切实做好各个环节的行李清点和交接工作。

1. 旅行团出站环节

旅行团出站时，旅游从业人员之间要协同配合，各负其责。例如，导游人员应同领队、全陪、行李员一起清点行李，然后交给行李员。

2. 旅行团入住饭店环节

旅行团入住饭店时，应核对送达的行李件数，并督促饭店行李员将行李分送到游客的房间。

3. 旅行团离店环节

旅行团离开下榻饭店时，旅游从业人员之间要密切配合，共同清点行李件数、挂好行李牌，检查行李是否捆扎牢固并当着行李员的面点清，然后办理签字手续。

（二）行李丢失的应对

1. 境外游客来华途中行李丢失的应对

境外游客乘飞机来华时丢失行李，一般情况主要责任在搭乘飞机的航空公司，旅游从业人员要协助游客同所乘航班的航空公司取得联系，帮助游客追回丢失的行李。

（1）办理行李丢失和认领手续

协助游客到机场失物登记处填写行李丢失登记表，办理行李丢失和认领手续。失主将下榻饭店的名称、联系方式等信息留给失物登记处，并记下有关航空公司办事处的地址、电话、联系人。

（2）询问行李寻找情况

在当地游览过程中，要帮助游客打电话询问行李的寻找进程；如果短时间内不能找回行李，要帮助游客购置必需的生活用品。

（3）游客离开前还未找到行李

在旅行团离开本地前，游客的行李还未能及时找回来，应帮助失主将全程旅游路线及各地下榻饭店名称和各地接待社名称、电话留给航空公司，以便找到行李时及时归还给失主。

（4）行李丢失的索赔

如果行李确实丢失不能找回来，失主可以向有关航空公司进行索赔或按照国际惯例进行赔偿。

2. 饭店行李丢失的应对

（1）在本团游客房间寻找

如果是旅行团入住饭店后有游客找不到自己的行李，旅游从业人员可以先行在本团游客房间内寻找，查看是不是行李送错了房间，或者是团内游客错拿了行李。

（2）请饭店行李部帮助查找

如果在本旅行团中没能找到，有可能混放到同时入住的其他旅行团的行李中，请饭店行李部帮助代为查找。

（3）向遗失者致歉

无论行李丢失事故是何种原因造成的，都应该因为发生行李丢失事故向遗失者致歉，并帮助游客解决生活方面的困难。如果明确行李已经丢失，应该帮助遗失者向有关部门按规定索赔。

（4）写出书面报告

写出书面报告，写明行李丢失的原因、经过、查找的过程、遗失者的要求等。

案例 9-2

我的行李不见了

某旅行团一行 35 人从陕西乘飞机抵达广州白云机场，地陪婷婷在出口处顺利接到了该团客人，并且进行了行李清点交接工作。当旅行团到达下榻酒店后，旅行团的王先生找到婷婷，焦急地说他的行李不见了。

请分析：如果你是地陪应该怎么处理？

【分析要点】

本次行李丢失事故发生在酒店入住过程中。地陪得知游客行李丢失后，要分析行李丢失的时间、地点，然后在本团游客房间或请行李部代为进行寻找；如果未能及时找到行李，帮助游客购买必需的生活用品；如果行李确实丢失，帮助游客向有关责任人进行索赔；写出本次事故报告。

三、游客证件遗失的防范与应对

旅游过程中，游客来自不同的国家、地区，其使用的证件也各不相同，常用的证件包括护照、签证、港澳居民来往内地通行证、台湾同胞旅行证明、身份证等。无论哪种证件遗失，都会给游客的行程带来诸多不便，还会给游客带来经济损失。因此，做好游客证件丢失的防范与应对工作尤为重要。

（一）游客证件遗失的防范

（1）经常提醒游客保管好自己的证件。

（2）旅游从业人员使用完游客证件后，要及时归还给游客，不可代为保管。

（3）如果是境外旅行团，由领队统一保管好游客的证件。

（二）游客证件遗失的应对

（1）要请失主回忆证件可能丢失的时间、地点，帮助游客进行寻找。

（2）证件确实丢失，要向旅行社报告并协助游客补办证件。

（3）如果证件是游客自身原因造成的丢失，费用由游客自理。

（三）各类证件丢失后补办的程序

1. 中华人民共和国居民身份证

（1）由当地接待社核实后开具遗失证明。

（2）遗失者持证明、照片到当地公安机关报失。

（3）经公安机关核实后，开具身份证明，机场、车站予以核准放行。

（4）回到居住地后，凭公安机关开具的证明和相关材料到当地办证部门办理新的身份证。

2. 外国护照和签证

（1）由当地接待社开具遗失证明，向遗失地派出所报案，开具报失证明。

（2）遗失者持证明到当地公安机关（外国人出入境管理处）报失，由公安机关开具报失证明。

（3）持公安机关的报失证明去所在国驻华使领馆申领新护照。

（4）领到新护照后，再去公安机关办理签证手续。

3. 华侨丢失护照和签证

（1）由当地接待社开具遗失证明，向遗失地派出所报案，开具报失证明。

（2）遗失者持报失证明、照片等材料，到公安机关出入境管理处申请新护照。

（3）领到新护照后，去其侨居国驻华使领馆办理签证手续。

4. 港澳同胞来往内地通行证

（1）由当地接待社开具遗失证明，向遗失地派出所报案，开具报失证明。

（2）遗失者持报失证明、照片等材料，到公安机关出入境管理处申领一次性中华人民共和国出入境通行证，供遗失者出境使用。

（3）遗失者回到港澳地区后，重新申请补领新证。

5. 台湾同胞旅行证明

遗失者向遗失地的中国旅行社、户口管理部门或侨办报失，核实后发给一次性有效的出入境通行证。

6. 团体签证

（1）由当地接待社开具遗失证明。

（2）准备材料：原团体签证复印件、重新打印的与原团体签证格式及内容相同的该团人员名单、全体游客的护照。

（3）持以上材料到公安机关出入境管理处报失，并填写有关申请表进行补办。

案例 9-3

游客丢失护照

2019 年 10 月，某国际旅行社导游员小李负责接待一个来自英国的旅行团在当地旅游。在小李带领下，旅行团愉快地完成了当地的行程。在快要离开酒店时，游客汤姆焦急地找到小李，说他的护照不知道什么时候不见了。小李听后，请汤姆冷静地回忆，想想最后看到护照是何时何地。最终，汤姆没有想起护照是何时何地丢的，经过一番查找，也没能找到护照。

请分析：如果你是小李，如何应对护照丢失事件呢？

【分析要点】

案例为外国游客丢失护照的事件。首先要冷静分析护照丢失可能的时间、地点，看是否能够找到；如果护照确实丢失，要协助游客按照规范流程进行补办；如果护照丢失是游客自身原因造成的，补办费用由游客自理。

四、游客财物遗失的防范与应对

（一）游客财物遗失的防范

（1）下车时，游客的贵重物品要随身携带，不要放在车厢内；旅游从业人员要提醒司机，将车窗、车门关好锁好。

（2）游客入住酒店时，贵重物品要放入酒店保险箱，不要放在房间处于无人监管状态。

（3）离开酒店时，旅游从业人员要提醒游客将所有物品携带好，不要有遗漏，尤其是离开本地前往下一地的时候。

（4）在参观游览过程中，要提醒游客保管好自己的手机、钱包、贵重物品，防止被盗，有陌生人混入旅行团时要提高警惕。

（二）游客财物遗失的应对

1. 国内游客财物遗失的应对

（1）安抚游客的情绪，了解物品遗失的经过，物品特征、数量、价值。

（2）分析财物遗失可能的时间、地点，判断遗失的性质是不慎丢失还是被盗。

（3）如果丢失的是贵重物品，要向公安机关和保险公司报案，协助游客尽快找回丢失物品。

（4）向旅行社领导进行情况汇报。

（5）如果旅行团在离开本地时，仍没找到游客遗失的财物，可根据责任方情况进行妥善处理。

2. 外国游客财物遗失的应对

（1）安抚游客的情绪，了解物品遗失的经过，物品特征、数量、价值。

（2）分析财物可能遗失的时间、地点，判断遗失的性质是不慎丢失还是被盗。

（3）如果丢失的是贵重物品，要向公安机关和保险公司报案，协助游客寻找，尽快找回丢失物品。

（4）如果丢失的是进关时向海关申报的、需要复带出境的物品，或是已经投保的贵重物品，要请当地接待社开具遗失证明，遗失者持证明到当地公安机关开具报失证明，以便出海关时检查和回国后向保险公司索赔。

拓展阅读

（5）物品确实丢失，要安抚游客情绪，并帮助游客解决因物品丢失造成的困难。

案例 9-4

玛丽的数码相机不见了

某德国旅行团一行 21 人从北京乘飞机抵达杭州进行旅游活动，该团由小文负责接待。在结束西湖游览行程时，旅行团中的玛丽急匆匆找到小文，说她价值 2 万元的数码相机不见了，这台相机是她妈妈送给她的生日礼物，非常有意义。小文听后，急得团团转，不知所措。

请分析：如果你是小文，如何应对该事件呢？

【分析要点】

该案例是外国游客丢失贵重物品事件。根据我国海关规定，该物品价值 2 万元，属于游客入境时填写申报单的物品，是要求复带出境的。小文不仅要帮助游客寻找该物品，还要帮助游客向公安机关和保险公司报案，然后到接待社开具遗失证明，再到遗失地公安机关开具报失证明，以便游客出关时查验和向保险公司索赔。由于该物品是游客的妈妈送给她的生日礼物，具有特殊意义，小文还要做好游客的情绪安抚工作。

第三节　旅游事故灾难的防范与应对

旅游活动中涉及的环节比较多，参与服务的人员比较杂，任何一个环节、一个人的疏忽都有可能造成旅游安全事故的发生，给游客的生命、财产安全带来灾难。旅行社接待过程中，可能发生的事故灾难主要包括交通事故、火灾事故、治安事故等。

一、交通事故的防范与应对

交通事故，是指车辆在道路上因过错或者意外造成人身伤亡或者财产损失的事件。交通事故不仅由不特定的人员违反道路交通安全法规造成，也可以由地震、台风、山洪、雷击等不可抗拒的自然灾害造成。旅游从业人员在接待过程中要有安全意识，时刻注意游客的安全，一定要与旅行车司机密切配合，协助做好安全行车工作，预防交通事故的发生。如果在道路上发生交通意外，旅游从业人员要立即妥善处理，将游客的人员损伤、财物损失降到最低。

（一）交通事故的防范

1. 提醒司机做好车辆检查

车辆发动前，旅游从业人员要提醒旅行车司机提前检查旅行车，如果发现有事故隐患，要及时更换车辆。

2. 妥善安排活动日程

安排游览日程时，在行车时间上要留有余地，防止因为时间不足而造成旅行车司机超速违章驾驶；如果遇到恶劣天气，要对活动日程进行适当调整，避免发生交通事故。

3. 提醒司机谨慎驾驶

如果遇到下雨、下雪、大雾等天气，或是道路湿滑、泥泞、交通堵塞等不良路况，特别是在山区、狭窄道路行车时，要提醒司机注意安全，谨慎驾驶。

4. 阻止非本车司机开车

如果遇到非本车司机开车，要立即阻止，即使其有驾驶证，也不得代替原车司机开车。

5. 阻止酒驾、疲劳驾驶

提醒司机在工作期间不要饮酒，不要疲劳驾驶。如果遇到司机酒后开车或疲劳驾驶要立即阻止，并与旅行社取得联系，请求改派其他车辆或更换司机。

6. 杜绝超载

旅游活动过程中，游客在搭乘游船或其他车辆时，常出现超载现象，这极可能会导致交通事故的发生。旅游从业人员要及时阻止超载现象，避免交通意外的发生。

（二）交通事故的应对

1. 立即组织抢救

一旦发生交通事故，旅游从业人员要立即组织现场人员迅速抢救受伤的游客，特别是受重伤的游客；要拨打 120 急救电话，将受伤的游客送往就近医院救治；组织游客离开事故车辆，防止二次伤害的发生。

2. 保护事故现场

事故发生后，要保护好现场，拨打 122 交通事故报警电话，请求交警到现场调查处理，厘清事故责任。

3. 汇报事故情况

迅速向旅行社领导汇报事故的发生以及游客伤亡情况，请求派人协助处理，根据旅行社领导指示做好下一步工作。

4. 安抚游客情绪

对于旅行团内未受伤的游客，要做好情绪安抚工作，组织游客尽可能完成剩下的旅游计划；事故查清后，要向全团游客说明事故发生的原因和处理结果。

5. 写出书面报告

交通事故处理完后，要写出书面报告。内容包括：事故发生的原因、时间、地点和经过；抢救经过、治疗情况；游客伤亡情况和诊断结果；事故责任及对责任者的处理结果；游客的情绪及对处理结果的反馈等。书面报告要实事求是，力求详细、准确、清楚。

‹‹‹ 案例 9-5 ›››

意外车祸敲响警钟

2018 年 8 月，某旅行团一行 55 人乘坐旅游大巴从成都前往九寨沟景区游览。由于当时下起蒙蒙细雨，道路较为湿滑，该旅游大巴与另一辆汽车发生追尾，造成一名游客重伤，三名游客轻伤。车祸发生前，一名坐在后排的游客因为晕车与导游调换了座位，原本应该坐在前排的导游坐到了后排的位置。

请分析：该团导游是否有不当行为？如果你是该团导游，应该如何应对本次交通事故？

【分析要点】

通常情况下，导游应该坐在离司机最近的位置，便于提醒司机安全驾驶。该案例中，导游人员不应该和晕车的游客调换座位，可以协调该名游客和前排其他游客调换座位。发生交通事故后，导游要立即组织抢救，打 120 急救电话，将伤员送到就近医院进行救治；打 122 交通事故报警电话，保护事故现场，等待交警调查处理；向旅行社汇报，请求派人援助；安抚其他游客情绪，尽可能完成后续旅游接待计划；写出书面报告。

二、火灾事故的防范与应对

火灾事故使游客的生命和财产安全受到威胁，严重的会造成重大伤亡。旅游过程中，发生火灾事故的情况包括：下榻酒店着火，就餐餐厅着火，行驶的旅游大巴着火，野外用火不当造成的着火，景区游览发生火灾，等等。旅游从业人员要具备良好的防火安全意识，做好日常提醒防范工作。如果发生火灾，引导游客进行火场自救，并处理好后续工作。

（一）火灾事故的防范

1. 多做提醒工作

发现火灾隐患时，旅游从业人员要及时提醒游客和相关人员，引起注意，及时消灭安全隐患。如提醒游客在下榻酒店内不要使用超负荷电器，在野外不要使用明火，不要乱扔烟头，不要携带易燃易爆物品上旅行车等。

2. 熟悉安全逃生路线

旅游从业人员要熟悉下榻饭店、用餐餐厅、游览景区、旅游大巴等相关的安全逃生路线，准确掌握安全出口的位置以及灭火器材放置的情况，并适时向游客介绍。

3. 掌握游客行踪信息

旅游从业人员要牢记火警电话119，掌握游客房间号码、就餐位置、游览路线等信息，以便发生火灾时能第一时间疏散游客。

4. 树立消防安全意识

旅游从业人员要提醒游客遵守下榻饭店、旅游景区、用餐餐厅、娱乐场所、道路交通等企业的消防安全要求，不携带易燃易爆物品，不携带违禁物品。

（二）火灾事故的应对

1. 立即报警

当游客在客房、餐厅、景区、交通工具、娱乐场所等地遇到火灾事故时，旅游从业人员要立即报警。报警时，要讲清楚火灾的具体地点、燃烧物质、火势大小及报警人的姓名、身份和联系电话。

2. 组织撤退

发生火灾时，旅游从业人员要立即通知全体游客，从安全通道有序逃生，不要让游客拥挤推搡。逃生原则是“先救人，后救物”。不要把宝贵的逃生时间浪费在穿衣或寻找、搬离贵重物品上，已经逃离险境的人员，千万不要再返回险地搬运物品。火灾发生后，组织游客逃生时有五忌：

一忌慌乱无序。要冷静寻找最佳逃生路线；

二忌乱冲乱撞。要避免相互拥挤，预防踩踏事件发生；

三忌选择电梯逃生。火灾发生时，通常会关闭所有电源，使用电梯逃生无疑是进入密闭的“烤箱”；

四忌总是“原路返回”。这样会始终都逃不出火海；

五忌采用躲藏、隐蔽，幻想以此躲过火灾。这样会将自己置身火海中。

3. 引导自救

当旅行团被困在火场时，旅游从业人员要引导游客进行自救，同时等待救援人员到来。

（1）穿过浓烟时

逃生需要穿过浓烟时，要用水打湿毛巾或衣物等捂住口鼻，匍匐撤离。穿过烟火封锁区时，如果有条件的要佩戴防毒面具、头盔、阻燃隔热服等，如果没有这些护具，可以向头部、身上浇冷水或将湿毛巾、湿棉被等披在身上，并包裹好头部再冲出去。

（2）被困房间时

大火封门无法出去时，要关紧迎火的门窗，用湿毛巾或湿布塞住门缝，防止烟渗入房间内。同时，打开背火的门窗，等待救援人员前来营救。

（3）旅行车着火时

被困在失火车中时，要迅速按应急开关，打开车门。如果无法打开车门，可用安全锤击碎玻璃，没有安全锤则可以用高跟鞋、金属器具、手机等敲击玻璃，注意要砸车玻璃的四个角，出现裂缝后就可以用脚踢开；如果车辆侧翻，也可以从车顶部的紧急逃生窗逃出；逃出车厢后，要尽量远离汽车油箱和发动机，防止汽车爆炸时造成伤害。

图 9–1　汽车安全锤

（4）身上着火时

如果发现自己身上着火了，千万不要乱叫乱跑或用手拍打，因为奔跑或拍打会形成风势，加速氧气补充，使火势更旺。应该赶紧脱掉衣物或就地打滚压灭火苗，或者用灭火器、水、沙子等灭火。

（5）缓降逃生时

如果身处高处，需要滑落低处逃生时，要利用身边的绳索或者用床单、窗帘、衣物等自制简易救生绳索，用水将其打湿后，一头固定牢固，然后将绳索顺下去，逃生者沿着绳索滑到地面或低处，安全逃生。居于高层楼房时，遇到火灾切忌盲目跳楼。

（6）发出救援信号

等待救援时，可以在窗前或显眼位置挥动色彩鲜艳的衣物，发出求救信号，以便消防人员准确判断救援位置。

4. 救治伤员

游客获救后，旅游从业人员应协助抢救受伤者，将伤者送往医院进行救治。如果有死亡的，则按照游客死亡的有关规定进行处理。

若在火灾中烧伤没有及时处理，可能会发生感染、皮肤破溃，导致严重的后果。对于烧伤人员要采取紧急救治措施：

（1）剪除衣物

如果是身上烧伤，应该将衣服脱去，如果衣服和皮肤粘在一起，要在救护人员的帮助下把未粘的部分剪去，并对创面进行包扎。

（2）防止休克、感染

为防止伤员休克和创面发生感染现象，可以给伤员口服止痛片和磺胺类药，以及多次少量饮用淡盐茶水、淡盐水等；如果发生呕吐等症状，则立即停止饮用。

（3）保护创面

在火场，对烧伤创面一般不要做特殊处理，尽量不要弄破水疱，不能涂龙胆紫一类有色的外用药，以免影响医务人员对烧伤创面深度的判断。

（4）合并伤处理

有骨折、出血、颅脑损伤等现象时，要给予相应处理，并及时送往医院救治。

5. 报告旅行社

旅游从业人员要向旅行社报告，请求派人协助处理。

6. 处理善后

旅游从业人员要安抚游客的情绪，设法使旅游活动继续进行。同时，协助游客解决因为火灾造成的生活困难。

7. 写出书面报告

旅游从业人员要写出本次火灾事故的书面报告，向旅行社进行详细汇报。报告内容包括火灾的起因、地点、时间、过程、伤亡情况、救治情况、事故责任、处理结果及伤亡人员家属反馈等。

拓展阅读

案例 9-6

旅游大巴起火，游客幸免于难

2017 年 5 月，山东日照发生一起旅游大巴起火事件。当时车上有 50 多名河南游客。车行至日照市北京路与山海路交叉红绿灯处时，车尾部突然起火，幸亏游客逃散及时，没有造成游客死亡。

请分析：如果你是该团导游，应该如何应对本次事故？

【分析要点】

案例中的火灾事故是发生在行驶的旅游大巴上。导游发现起火，要立即组织游客撤离大巴；拨打 119 报警电话；如果有游客身上着火，要帮助游客扑灭；如果有游客受伤要拨打 120 急救电话，将受伤的游客送到医院救治；向旅行社报告，请求协助处理；安抚游客的情绪，安排好旅游行程；写出事故报告。

三、治安事故的防范与应对

治安事故是指在旅游活动过程中，因为遇到坏人行凶、诈骗、偷窃、抢劫等，致使游客身心及财物受到不同程度损害的事故。旅游从业人员在带领旅行团参观游览时，要善于观察周围环境，提高警惕，做好防范，避免非法分子对游客造成伤害。如果遇到治安事故，导游人员要沉着冷静，采取有效措施，保护好游客的人身财产安全。

（一）治安事故的防范

1. 游客入住饭店时

（1）提醒游客将贵重物品存放到饭店保险柜。

（2）提醒游客不要将自己的房间号码告诉陌生人，更不要让陌生人进入房间。

（3）提醒游客不要与陌生人兑换外币。

（4）提醒游客离开房间时，要锁好门窗。

2. 游客外出时

（1）提醒游客不要将大量的现金或贵重物品放在手提包里，防止被窃。

（2）提醒游客对身边的可疑人员提高防范，如在身边挤来挤去的人。

（3）提醒游客不要贪图小便宜，以防上当受骗。

（4）离开游览车时，提醒游客不要将证件和贵重物品遗留在车内。

（5）提醒游客夜间出行时最好结伴而行，不要走得太远，不要太晚回饭店。

（6）提醒游客不要前往人多拥挤的地方，防止发生踩踏事故。

（二）治安事故的应对

1. 打架斗殴的应对

（1）立即劝阻。如果是游客之间发生打架斗殴事件，旅游从业人员可请团队领队出面协调，劝阻双方离开现场，缓解矛盾，防止事态扩大。

（2）报警。如果劝阻无效，事态严重，经旅行社同意后向公安机关报案，请求处理。

（3）组织抢救。如果游客受伤，立即组织抢救，将伤者送到医院进行救治。

（4）做好善后处理工作。旅游从业人员要稳定游客的情绪，处理好受害人的索赔事宜。

2. 遇到犯罪分子抢劫的应对

（1）保护游客。如果遇到犯罪分子行凶、抢劫，要挺身而出，保护游客的生命财产安全。

（2）立即报警。应该立即向公安机关报警，请求帮助。如果罪犯已逃脱，要积极协助公安机关破案。

（3）组织抢救。如果有游客受伤，要立即抢救，并将伤者送往医院救治。

（4）向旅行社报告。及时向旅行社报告，请求帮助。

（5）做好善后处理工作。要稳定游客情绪，尽量完成旅游接待计划，并处理好受害者的索赔等事宜。

（6）写出事故报告。事后，要将事情发生的经过、处理结果等写出事故报告，向旅行社汇报。

3. 踩踏事故的应对

（1）组织有序疏散。发生踩踏事故时，要立即组织游客有序疏散，避免拥挤；要和其他人保持相同的方向前进，切记不要逆行，也不要想着超过别人。

（2）引导游客自救。尽量避开混乱人群，往人流少的方向行进，将双手肘平放于胸前，形成胸前保护空间，避免胸部重要器官受到挤压；在人群中，不要随便蹲下或弯腰，稳住双脚，不要摔倒；如果一旦摔倒，尽可能靠近墙壁，蜷缩身体，双手抱头，双手肘向前，双膝前屈，侧躺，千万不要仰卧和俯卧；如果自己前边的人摔倒，要立刻停下来，大声呼救，形成人墙，组织后面的人绕行，保护摔倒者，让其有时间站起来。

（3）进行救治。脱险后，要立即对受伤的游客进行救治，严重者送到医院进行救治。

（4）安抚游客情绪。做好游客情绪安抚的工作，尽量完成旅游接待计划。

（5）报告旅行社。及时向旅行社报告，请求协助处理事故，事后要将事故起因、经过、处理结果写出事故报告，提交旅行社。

‹‹‹ 案例 9-7 ›››

游客被抢了

2017 年 10 月，地陪小李接待一个来自北京的旅行团在当地进行参观游览。第二天晚上是自由活动，游客王某觉得在酒店无聊，便自行前往酒店附近一处公园闲逛。当他走到公园内一处僻静的地方时，突然出现两名蒙面男子，持刀将王某的手机、金饰品、高档手表及钱包抢夺而走。王某惊魂未定地给地陪小李打电话。

请分析：如果你是小李，应如何应对？

【分析要点】

案例中发生抢劫，属于治安事故。地陪小李应立即协助王某报警，请求帮助；安抚王某的情绪，帮助其解决因为被抢劫而造成的生活困难；询问王某是否受伤，如果受伤，立即送到医院救治；向旅行社报告；事后写出事故报告。

第四节　旅游卫生事件的防范与应对

旅游过程中，游客会因为外部和内部因素的影响而导致身体抵御疾病的能力变弱，进而影响旅游行程及旅游心情。外部因素指地理环境、气候条件、生物因素等，内部因素是指游客的身体条件。关注游客的身体状况，防范和应对旅游过程中发生的公共卫生事件和旅游常见疾病，是旅游从业人员的重要职责。

一、旅游健康管理常识概述

旅游从业人员要掌握一定的旅游健康管理常识，引导游客在旅游过程中进行适当、适宜的健康管理，可以极大地降低旅游行程中的游客发病率。旅游健康管理常识包括饮食、衣着、住宿及乘坐旅游交通工具方面的常识。

（一）饮食的健康管理常识

俗话说，病从口入。这句话就是告诫我们日常生活中要注意饮食卫生，防止将病“吃”进体内。在旅游过程中，要从以下几个方面做好饮食卫生：

1. 饮水卫生

有的游客在外容易水土不服，建议游客不要喝自来水，更不要喝泉水、塘水和河水等；旅游过程中要勤补水，可减少肠胃不适的概率；高血压、缺血性心脏病患者出游时尤需多补充水分；剧烈运动后，不要马上大量饮水。

2. 食物卫生

旅游是一种体验，包括食物体验，品尝名吃是重要的旅游体验之一。在品尝名吃时要选择卫生合格的餐厅就餐，不要在地摊等有卫生安全隐患的地方就餐；为了补充维生素，要多吃瓜果和蔬菜，但要洗净再吃。

3. 良好习惯

勤洗手，避免生饮生食，预防肠胃感染；没有保护的前提下不要直接触碰野生动植物，避免感染疾病。

（二）服饰衣着的健康管理常识

1. 衣着舒适

衣服的材质建议选择纯棉类服装，有伸缩性，剪裁要宽松得体，便于室外运动；不宜穿紧身衣，紧身衣裤会在不同程度上对肌肤、血管、脏器形成压迫，不利于人身体气血的运转，不利于呼吸运动；易于出汗的游客，可选择速干衣或多带衣物方便更换，如果出汗后继续穿着湿衣服，容易导致风寒之类的疾病发作。

2. 鞋子适宜

脚是人体的第二心脏。外出旅游时室外运动比较多，选择一双舒适、合脚的鞋子是十分必要的。旅游时鞋子的选择，以鞋底软硬适中、鞋面透气性好、鞋码大半码、走起来有弹性的鞋子为佳。建议穿运动鞋、户外鞋、平底帆布鞋等，这类鞋子既方便行走又舒服；不建议穿皮鞋、高跟鞋、拖鞋、塑料鞋等；参加登山、远足旅游项目时，可以选择有减震功能、防滑效果的鞋子，减少剧烈运动对膝盖造成的损伤。另外，习惯性崴脚的游客，不仅要做好日常防护，还要备有应急药品。

（三）住宿时的健康管理常识

1. 房间要经常开窗通风

入住酒店或者旅馆后，要及时打开门窗进行通风，保持每天通风换气，保持室内空气新鲜，减少室内湿气和房间异味。

2. 健康吹空调

外出归来有汗时，不宜直吹冷气；室内室外温差不宜超过 5℃；睡觉时，不要开太大的冷风，不要冷风直吹身体，防止感冒。

3. 睡眠充足

旅游过程中的奔波非常消耗体力。良好优质的睡眠可以有效补充体力，让人精神焕发。尤其是有心血管疾病的游客，保证充足的睡眠可以避免血压的突然升高。睡前捶捶腿、用热水泡泡脚，可以减缓日间疲劳，促进睡眠。

（四）乘坐交通工具时的健康管理常识

1. 长途旅行，适时运动

乘坐长途交通工具时，由于在狭小的座位上久坐，身体容易僵直、酸痛、下肢浮肿，容易造成静脉栓塞，尤其是有缺血性心脏病及高血压的游客，容易由血管栓塞导致肺栓塞而猝死。所以，游客最好每隔一小时伸展下身体，如伸伸腿、上厕所走动走动、敲敲腿、做做头部运动，也可以两个人互相轻轻拍打后背，促进血液循环，减缓酸痛、浮肿现象，避免由于栓塞而引发疾病。

2. 穿着舒适，预防疾病

搭乘交通工具时要穿着宽松，以便腿脚肿胀时相对舒适；携带外套，感觉冷气过低时披在身上，防止感冒等疾病发生。

3. 做好预防，减缓不适症状

当飞机起降时，乘客常常会伴随耳鸣、耳痛、耳塞或晕眩感，可以通过咀嚼口香糖、张嘴或打哈欠等方式减缓这些不适症状。如果游客患有重感冒、慢性听力障碍或耳咽管功能不良的疾病，应在乘机前找医生进行治疗，以免飞机上病情加重。

案例 9-8

心脑血管疾病游客不宜乘机出游

随着国民生活水平的日益提升，人们对于旅游已经习以为常。飞机以其快捷、舒适，成为越来越多的人出游时的首选。但是，飞机在高空飞行时，很多人会出现眩晕、头痛、肠胃胀气等不适症状。

请分析：如果你的旅游团中有游客患有心脑血管疾病，作为导游应如何处理？

【分析要点】

飞机起降的骤变、空气中缺氧，都容易导致患有心脑血管疾病的游客病情加重或者复发，所以建议此类游客提前到医院就医，请医生出具诊断证明看是否适宜搭乘飞机。如果医生诊断可以搭乘飞机，也要提醒游客携带药品以防疾病发生。同时，也要与飞机上的空乘人员取得联系，做好防护工作。

二、公共卫生事件的防范与应对

根据《突发公共卫生事件应急条例》规定，公共卫生事件是指突然发生，造成或者可能造成社会公众健康严重受损的重大传染疾病、群体性不明原因疾病、重大急性中毒以及其他严重影响公众健康的事件。旅游过程中遇到的公共卫生事件，有传染病、急性中毒、动物叮咬等。

（一）传染病

传染病（Infectious Diseases）是由各种病原体引起的，能在人与人、动物与动物或人与动物之间相互传播的一类疾病。为避免在旅游过程中感染上传染性疾病，可根据旅游目的地的环境情况，于出发前注射必要的预防针。例如接种流感、肝炎、破伤风等疫苗。

1. 流行性感冒

流行性感冒简称流感，其症状主要包括：发热、咳嗽、咽痛、流涕、鼻塞、身体疼痛、头疼、寒战、疲乏、腹泻、呕吐等。流感症状与普通感冒或其他呼吸道疾病症状相似，是否感染流感需要由医院实验室诊断。

（1）流行性感冒的防范

①接种流感疫苗是预防流感最有效的手段。

②保持良好的个人卫生习惯是预防流感的重要手段。例如勤洗手、保持充足睡眠、合理饮食等。

③室内要经常通风换气，保持干净整洁；常到户外晒晒太阳，锻炼身体，增强体质。

（2）流行性感冒的应对

①隔离感染者。症状较轻的感染者可以在居所隔离，减少非必要性的外出活动；重症感染者需送到医院隔离室隔离救治。

②感染者按照医嘱服用药物，切忌自行服用药物，以免耽误病情。

③关注感染者的病情变化，出现持续高热、呼吸困难、神志不清等症状

时，要及时送到医院进行救治。

④如果是老幼及慢性疾病患者等易感人群感染流感，要及早送到医院就诊。

2. 病毒性肝炎

病毒性肝炎是由多种肝炎病毒引起的常见传染病，主要表现为乏力、食欲减退、恶心、呕吐等症状。甲型和戊型病毒肝炎传染性较强，通过消化道传播；乙型、丙型和丁型病毒性肝炎经过血液、体液等途径传播。

（1）病毒性肝炎的防范

①管理感染源。甲型和戊型病毒性肝炎传染性较强，对急性患者要隔离治疗；由于是通过消化道传播，护理人员要注意个人卫生，防止病从口入，如分餐、使用公筷等。乙型、丙型和丁型病毒性肝炎经过血液、体液等途径传播，不需要隔离，但要及时进行抗病毒治疗，严格筛选献血者，避免血液传播。

②保护易感人群。老年人、儿童及慢性疾病患者是易感人群，要避免接触急性期肝炎患者。

③注射疫苗。有条件的人群，可以接种肝炎疫苗。

（2）病毒性肝炎的应对

①前往正规医院进行治疗。

②了解病毒性肝炎传播途径，避免不必要的恐慌。

3. 新型冠状病毒肺炎

新型冠状病毒肺炎，简称新冠肺炎，以发热、干咳、乏力等为主要症状表现，少数患者还有流鼻涕、腹泻等上呼吸道和消化道疾病症状。

（1）新型冠状病毒肺炎的防范

①勤洗手。用肥皂水或含有酒精的洗手液洗手。

②遮住口鼻。咳嗽和打喷嚏时，要用纸巾遮住口鼻；外出时戴口罩。

③注意饮食。将肉和蛋类彻底煮熟，不要生食。

④做好防护。不要在没有防护的情况下接触野生或养殖动物。

（2）新型冠状病毒肺炎的应对

①及时隔离。发现有感染者或疑似感染者时要第一时间进行隔离，避免外出聚集造成大范围传播。

②做好防护，送到指定医院进行救治。

③做好消毒工作。对感染者使用过的物品、停留过的场所进行彻底消毒，防止感染源的扩大。

（二）急性中毒

急性中毒（Acute Intoxication）是指毒物短时间内经皮肤、黏膜、呼吸道、消化道等途径进入人体，使机体受损并发生器官功能障碍。一旦发生急性中毒，如果不及时治疗就会危及患者生命，必须尽快做出诊断并实施急救处理。

1. 食物中毒

旅游过程中，旅行团中的部分游客或全部游客在共同食用某一餐点或某一食物后，集体出现恶心、呕吐、腹痛、腹泻、乏力等症状，可能是食物中毒。如果不及时就医，会危及游客的生命。通常情况下，旅游从业人员从工作流程上要做好以下防范和应对。

（1）食物中毒的防范

①在旅游定点餐厅就餐。

②注意饮食卫生，不在街边无证小摊购买食物，不食用不新鲜的食物，不食用可能有毒性的食物（野生蘑菇、河豚等），不食用未彻底加工的食物，少吃腌制食物等。

（2）食物中毒的应对

①设法催吐。

②让患者多喝开水，加速排泄，缓解毒性。

③及时送往就近的医院救治，并请医院开具诊断证明。

④协助游客追究用餐单位责任，帮助游客进行索赔。

2. 一氧化碳中毒

一氧化碳具有无色、无味、无臭、无刺激性的特点，是从感观上难以鉴别的气体。一般人常在无意中发生中毒而不自知。一氧化碳中毒会出现头晕、头痛、恶心、呕吐、心悸、乏力、嗜睡等症状，严重者会出现各种反射减弱或消失，肌张力增高，大小便失禁等症状。

（1）一氧化碳中毒的防范

①保持室内空气循环流通。室内使用木炭、煤气时应有安全设置（如烟囱、小通气窗、风斗等），保持室内空气的流通。冬天洗浴时浴室门窗不要紧闭，洗浴时间不宜过长。

②安全防范意识不松懈。定期做安全检查，不使用被淘汰的热水器，不使用超期服役热水器。燃气热水器不能安装在洗浴间内，要经常检查燃气设备是否老化或损坏，使用前要检查有无煤气泄漏现象。

③不要在密闭的车内或其他环境内取暖或开空调长时间休息。驾驶或乘坐空调车如感到头晕、发沉、四肢无力时，应及时开窗呼吸新鲜空气。

④在可能产生一氧化碳的地方安装一氧化碳报警器。

（2）一氧化碳中毒的应对

当发现或怀疑游客有可能是一氧化碳中毒时，应该立即采取以下紧急救护措施：

①立即打开门窗通风。立即打开门窗，迅速将患者转移至空气流通的地方，让患者卧床休息，保持安静并注意保暖。

②确保呼吸道通畅。发现患者神志不清，应该将其头部偏向一侧，防止呕吐物进入呼吸道而造成患者窒息。

③迅速送往有高压氧治疗条件的医院进行诊治。

‹‹‹ 案例 9-9 ›››

旅游者出现食物中毒

炎炎夏日，导游员小李带领旅游团在某海滨城市旅游观光。晚餐时，应游客们的要求，导游带领大家品尝了当地知名的海鲜大餐。用餐结束后，小李带着旅游团高兴地回到酒店就寝。半夜突然有游客敲小李的房门，声称有多名游客上吐下泻，可能是食物中毒了。于是，小李立即打 120 急救电话，将游客送往医院救治。经医生诊断，游客为食物中毒，可能是当晚食用的海鲜不新鲜导致。

请分析：如果你是导游小李，应该如何处理？

【分析要点】

旅游过程中，有游客出现食物中毒的现象，导游员要及时帮助患者催吐，多喝开水，加速排泄，缓解毒性；及时送往就近医院救治；请医生开具诊断证明，协助游客进行索赔。

三、旅游常见疾病的防范与应对

游客由于劳累、水土不服、身体素质差或意外事故等原因，极有可能在旅途中突发疾病，如果不能得到及时救治，会危及生命安全。因此，旅游从业人员应该掌握一些基本的救护常识，以便游客突发疾病时对其进行正确的急救，挽救游客生命于危难。

（一）意外伤害

旅游过程中常见的意外伤害包括擦伤、扭伤和骨折。

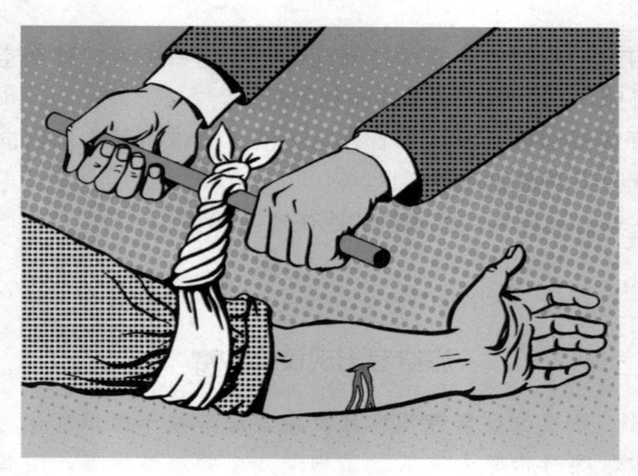

图 9–2 包扎止血法示意图

1. 擦伤

擦伤是钝性致伤物对人体的皮肤表层造成损伤，是旅行中比较常见的一种意外伤害。擦伤的主要表现为表皮破损、有出血斑点或者流血，局部有轻微红肿和疼痛。擦伤处理不当或不及时，有可能对患者造成永久性的伤害，情况严重的甚至危及游客生命安全。因此，旅游从业人员要对伤者做好以下处理：

（1）对伤口进行清洁、消毒。伤口表面常会黏附一些沙砾或脏物，可以用淡盐水（浓度约 0.9%）进行清洗，用干净棉球擦干伤口；有条件的可以用碘酒、外用酒精棉进行消毒，注意小心擦拭，不要让碘酒、酒精棉球碰到伤口，否则会引起伤者强烈的刺痛感；如果伤口较深，体腔或血管附近有刺入的异物，不要轻率地拔出，要送到医院进行处理。

（2）止血。一般的出血可以使用包扎止血和加压包扎止血。

①包扎止血。如果伤口出血量较少，可以用创可贴或干净的手帕、纸巾、清洁敷料等进行包扎止血。

②加压包扎止血。适用于小动脉、静脉、毛细血管出血。用干净的手帕、三角巾等敷料覆盖在伤口上，加压包扎，达到止血目的。包括直接压法和间接压法。

（3）包扎。消毒后要对伤口进行包扎，检查伤口的敷料是否干燥，必要时进行换药；如果伤口比较严重，或者血流不止，要送到正规医院进行处理。

（4）根据伤势情况，看是否需要注射破伤风疫苗或者进行抗感染治疗。

2. 扭伤

扭伤是指四肢的关节部位或者躯干的软组织损伤，主要表现为损伤部位疼痛、肿胀和关节活动受限。扭伤的部位和伤势不同，其治疗的方式也不相同。扭伤的紧急处理主要有以下步骤：

（1）冰敷和热敷。身体的任何部位扭伤，都可以采取冰敷的方式进行止痛消肿。扭伤 24 小时后，可以采用热敷的方式帮助恢复，使用热毛巾对受伤部位热敷，有活血化瘀的作用。

（2）适当的按摩。刚刚扭伤时，不要对受伤部位进行反复按摩，容易造成受伤部位的二次伤害；在受伤 48 小时后，再对受伤部位进行正确按摩，可以帮助伤口活血化瘀。

（3）合理饮食。受伤后宜食清淡食物，增加蔬菜纤维比例，多食用高蛋白食物，可促进伤口的快速恢复。

（4）保证休息。受伤后要尽量卧床休息，避免多余的活动导致二次扭伤。可以下床时逐渐进行一些负重训练。

（5）情况严重的，要送往医院进行诊治。

3. 骨折

旅游过程中，造成游客骨折的原因主要有跌倒、撞击、交通意外等暴力因素。常见的症状包括：局部疼痛、肿胀及功能障碍。如果游客骨折，旅游从业人员要采取正确急救措施，防止病情变严重。

（1）上夹板固定。旅游从业人员对患者受伤部位进行骨折固定，可以就地取材，用木棍、树枝、硬纸板等做成夹板进行固定，防止骨折处再次受损。如果无法找到硬物固定，那么患者一定要固定身体，不要乱动。上夹板前要用柔软的物品隔离夹板与身体，不要直接接触，防止进一步压迫、摩擦而造成损伤。

（2）包扎。骨折固定包扎时，要将骨折处上下两个关节同时固定，才能限制骨折处的活动。骨折固定包扎的顺序是先固定骨折的近心端，再固定骨折的远心端，然后依次由上到下固定各个关节处。包扎的松紧度以包扎的带子上下能活动 1 厘米为宜。四肢固定露出指（趾）尖，以便观察末梢血液循环情况。

（3）在救护人员到达现场之前切勿随意搬动伤者，避免伤势加重。

（二）急救

1. 心脏病的防范与应对

心脏病猝发时的主要症状有心慌、心悸、呼吸困难、胸闷、胸痛等，部分患者会有手脚肿胀、昏厥等。

（1）心脏病的防范

①有心脏病史的游客在旅游出发前要到医院进行健康检查，看看是否适宜长途旅行，经医生确认病情稳定后方可出行。

②出行前做好准备工作。准备好整个旅行中所需要的急救药品和正在服用的药物，按时服药。植入心脏起搏器的患者应当携带好记有起搏器的型号、有效期等详细资料的卡片，万一起搏器工作异常时能够据此得到妥善处理。

③提前了解旅游目的地的医疗机构情况，可就近选择酒店入住。

④旅游过程中，活动日程不宜安排过紧，不要疲劳过度，要劳逸结合。

⑤健康生活。旅游时要健康饮食，多食蔬菜水果，少吃油腻食物，不要暴饮暴食；保证睡眠充足，尽可能保证每晚 7~8 小时的睡眠时间；注意身体发出的异常信号。

⑥遵守规定，不参加不适合心脏病患者的活动。

（2）心脏病的应对

①忌立即移动患者。心脏病猝发时，切忌立即移动患者，而应让患者就地平躺，头略高。

②服用药物。由患者亲友或领队在患者身上寻找备用药物，让患者服用。

③拨打急救电话。迅速拨打 120 急救电话，请医生前来救治。病情稳定后，送往医院进行治疗。

2. 中暑的防范与应对

中暑多是因为长时间处于高温环境，核心体温上升引发的疾病，常常出现头痛、头晕、口渴、多汗、高温、四肢无力等症状。

（1）中暑的防范

①不要长时间处于高温环境，保持凉爽。如天气炎热时，不要在烈日下暴晒。

②合理饮食，保持身体水分。高温天气，饮食以清淡为宜，并及时补充身体水分，大量出汗时要补充盐和矿物质，可以适量饮用运动饮料。糖尿病患者、高血压患者、限制盐分疾病患者，要遵医嘱饮用运动饮料。

③做好防晒。晒伤会阻碍人体的降温能力，以致出现脱水现象。

④关注易感人群，如婴幼儿、65 岁（含 65 岁）以上的老人等，这些人体质较弱，在高温天气中容易出现中暑症状。

（2）中暑的应对

①立即脱离高温环境。将患者转移到阴凉通风处，宽衣解带，让其放松。

②进行降温处理。可以用冷水反复擦拭、电风扇或空调帮助降温。

③补充液体，缓解症状。游客苏醒后，可以饮用含盐饮料或淡盐水。

④情况严重的患者，要立即送往医院进行救治。

3. 噎食的防范与应对

噎食是指食物堵塞咽喉部或卡在食道的第一狭窄处，甚至误入气管，引起呼吸窒息。

（1）噎食的防范

①养成良好的用餐习惯。吃饭时细嚼慢咽，不说话、不看电视和手机、不打闹。

②用餐时，不要惊吓用餐人，坚硬、有刺的食物食用时要格外小心。

③除了卧床不起者或婴幼儿外，不要以仰卧位进餐。

④婴幼儿用餐要有家长陪伴。

拓展阅读

图 9-3　海姆立克急救法能有效解除因呼吸道异物堵塞导致的窒息

（2）噎食的应对

①背部拍打法。先让病人面部朝下弯腰，然后拍打病人背部，使食物从气管中出来。

②腹部按压法。病人弯腰的同时，按压病人腹部，使肺部压力加大，从而使气管中的食物被吐出。

③病人发生噎食，应先使病人躺在较硬的床上，然后快速均匀地按压病人的胸廓下和脐上腹部，使食物被挤压出去。

④成人发生噎食，应想办法咳嗽、打喷嚏，使食物从气管中排出。

⑤拨打急救电话，请医生前来救治。

4. 腹泻的防范与应对

腹泻是一种常见症状，俗称“拉肚子”。旅游过程中游客发生腹泻的原因，主要包括饮食不卫生、生活环境改变造成的身体不适应等。腹泻表现出的症状有腹痛、排便次数超过日常习惯、肛门不适、失禁等。

（1）腹泻的防范

①注意饮水卫生，不饮用生水、泉水、溪水。

②注意饮食卫生，不去街边无证小摊或没有卫生许可证的餐厅用餐，不暴饮暴食，不食用不新鲜的食物。

③勤洗手，饭前便后要洗手，做好消毒。

（2）腹泻的应对

①建议游客前往医院救治，遵照医嘱服用药物，严禁擅自给游客用药。

②提醒游客多休息，注意合理饮食。

5. 晕车（机、船）的防范与应对

远程旅游活动的1/3时间都是在交通工具上度过的，晕车（机、船）现象多有发生，其主要症状是恶心、呕吐、出冷汗、头晕，个别人有耳鸣现象等。旅游从业人员掌握防范措施，可以提升游客旅途幸福指数。

（1）晕车（机、船）的防范

①游客可提前30分钟服用预防晕车（机、船）的药物，旅游从业人员切忌擅自给游客用药。

②可安排游客顺着行进的方向就座，尽量坐在车辆、飞机的中、前部，减少颠簸造成的不适感。

③提醒游客搭乘前不要饱食，不要空腹，身体不要过度疲劳。

④搭乘过程中，提醒游客减少阅读、少看手机，少看外面移动物体，减少晃动感。

⑤上车后，提醒游客束紧腰带，以减少内脏震动。

（2）晕车（机、船）的应对

①不要让游客进食、饮水。

②为游客提供呕吐袋、漱口水等物品。

③可以按压游客的内关穴（内关穴在腕关节手掌侧面，离手腕第一横纹上 2 寸的两条筋之间的凹陷处），减缓不适感。

④有条件的话，可以通风换气，或用冷毛巾敷在游客的额头及胸部。

⑤请乘务人员协助处理。

6. 低血糖的防范与应对

低血糖是血浆中葡萄糖水平下降而出现心悸、大汗，甚至神志改变等不适症状的一种综合征。低血糖在糖尿病患者中较为常见。

（1）低血糖的防范

①一般人群低血糖预防。饮食要有规律，避免空腹进行剧烈运动。

②糖尿病患者低血糖预防。生活规律，定时定量用餐，服用降糖药物或注射胰岛素后要及时进餐；运动量适宜，外出运动时随身携带糖果；遵医嘱用药，不能擅自增加或减少用药。

（2）低血糖的应对

①如果游客因为低血糖而突然晕倒，应该让其平躺仰卧休息，解开衣扣，保持呼吸顺畅。

②若患病游客意识清醒，可给其补充能快速提高血糖的碳水化合物，如糖水或果汁，缓解不适症状。

③若患病游客丧失意识，应禁止强行喂食、喂水，避免窒息。要立即拨打 120 急救电话，等待医生前来救治。患病游客病情稳定后，应送往医院做进一步治疗。

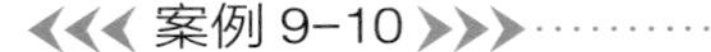

游客小腿骨折了

某旅游团在四川九寨沟旅游时，游客梁某边驻足欣赏美景边拍照，逐渐脱离了团队。由于当天景区内游客量非常大，导游并未注意到梁某脱离。梁某在追赶团队时，由于着急，并未注意到道路不平、路面湿滑，不慎摔倒导致小腿骨折。同团队的其他游客发现梁某后，立即给导游打电话，将梁某送到医院进行救治。

请分析：如果你遇到游客骨折，应如何应对?

【分析要点】

首先检查伤者情况，安抚伤者情绪。然后就地取材，为伤处上夹板固定。上夹板前在伤处垫上干净的柔软物品进行隔离，防止夹板压迫伤口、摩擦伤口造成二次伤害。固定好后进行捆绑包扎。最后拨打急救电话，等待医生来救治，在此前不要随意挪动伤者。医生将其伤情稳定后，把伤者送往医院进一步治疗。

本章小结

本章对旅游突发事件进行分析总结，针对旅游过程中较为常见的安全事件进行列举说明，提出行之有效的防范措施和应对方法，具有较强的操作性，是对本书旅游安全防范与应对内容的完善与补充。

思考与练习

一、练一练

1. 外国游客丢失护照，应该到（　　）办理新护照。

A. 接待社　　B. 组团社

C. 所在国驻华使领馆　　D. 目的地国驻华使领馆

2. 游客下榻饭店时，应建议游客将贵重物品放在（　　）。

A. 旅行社　　B. 导游人员　　C. 房间内　　D. 饭店保险箱

3. 游客因低血糖发作，清醒后应该给其补充能快速提高血糖的（　　）。

A. 盐水　　B. 十滴水　　C. 碳水化合物　　D. 高蛋白食品

4. 乙型、丙型和丁型病毒性肝炎经过（　　）等途径传播，不需要隔离，但要及时进行抗病毒治疗。

A. 血液、体液　　B. 空气　　C. 握手　　D. 拥抱

5. 发生交通事故时，急救电话是（　　）。

A. 110　　B. 120　　C. 119　　D. 999

二、安全小课堂

1. 旅游过程中，应该如何防范交通事故的发生？

2. 在旅游大巴上，有游客突发心脏病，应该如何应对？

3. 如果外国游客丢失护照和签证，应该如何应对？

4. 旅游大巴突然失火，应该如何应对？

5. 如果游客晕车请求帮忙，应该如何应对？

6. 游客在炎热的天气出行，应该如何预防中暑？

7. 在流感高发季节，如何帮助游客预防流感？

三、情景训练

参考答案

模拟某学生团在云南丽江古城旅游时，学生小彤在景区内走失的处理。要求学生要分角色进行，角色包括地陪、全陪、学生小彤等。分析总结地陪、全陪对学生小彤走失事故的处理是否恰当，最后提出在处理这类事故时的原则、语言及能力要求。

参考文献

[1] 唐由庆. 导游业务 [M]. 北京：高等教育出版社，2009.2.

[2] 鲍文君. 导游原理与实务 [M]. 北京：电子工业出版社，2009.6.

[3] 王雁. 导游实务 [M]. 北京：高等教育出版社，2015.8.

附录1

安全标志

安全标志是由安全色（安全色是用以表达禁止、警告、指令、指示等安全信息含义的颜色，具体规定为红、蓝、黄、绿四种颜色。其对比色是黑白两种颜色）、几何形状、图形符号或文字所构成，用以表达特定的安全信息。根据《安全标志及其使用导则（GB2894–2008）》，国家规定了四类传递安全信息的安全标志：

1. 禁止标志：表示不准或制止人们的某种行为。包括禁止停留、禁止吸烟、禁止攀登、禁止通行等40种标志。其基本图形为带斜杠的圆环边框。圆环和斜杠为红色，图形符号为黑色，衬底为白色。例如：

2. 警告标志：警告人们注意可能发生的危险。包括注意安全、当心火灾、

当心滑跌、当心车辆等39种标志。其基本图形为正三角形边框，边框内有不同内涵的象形图形。三角形边框及图形为黑色，衬底为黄色。例如：

3. 指令标志：表示必须遵守，用来强制或限制人们的行为。包括必须戴安全帽、必须穿救生衣、必须戴防护眼镜等16种标志。其基本图形为圆形边框，衬底为蓝色。例如：

4. 提示标志：示意目标地点或方向。包括紧急出口、避险处等8种类型。其基本图形为正方形或长方形边框，图形符号为白色，衬底为绿色。例如：

附录2

《旅游安全管理办法》

第一章 总 则

第一条 为了加强旅游安全管理，提高应对旅游突发事件的能力，保障旅游者的人身、财产安全，促进旅游业持续健康发展，根据《中华人民共和国旅游法》《中华人民共和国安全生产法》《中华人民共和国突发事件应对法》、《旅行社条例》和《安全生产事故报告和调查处理条例》等法律、行政法规，制定本办法。

第二条 旅游经营者的安全生产、旅游主管部门的安全监督管理，以及旅游突发事件的应对，应当遵守有关法律、法规和本办法的规定。

本办法所称旅游经营者，是指旅行社及地方性法规规定旅游主管部门负有行业监管职责的景区和饭店等单位。

第三条 各级旅游主管部门应当在同级人民政府的领导和上级旅游主管部门及有关部门的指导下，在职责范围内，依法对旅游安全工作进行指导、防范、监管、培训、统计分析和应急处理。

第四条 旅游经营者应当承担旅游安全的主体责任，加强安全管理，建立、健全安全管理制度，关注安全风险预警和提示，妥善应对旅游突发事件。

旅游从业人员应当严格遵守本单位的安全管理制度，接受安全生产教育和培训，增强旅游突发事件防范和应急处理能力。

第五条 旅游主管部门、旅游经营者及其从业人员应当依法履行旅游突发事件报告义务。

第二章 经营安全

第六条 旅游经营者应当遵守下列要求：

（一）服务场所、服务项目和设施设备符合有关安全法律、法规和强制性标准的要求；

（二）配备必要的安全和救援人员、设施设备；

（三）建立安全管理制度和责任体系；

（四）保证安全工作的资金投入。

第七条 旅游经营者应当定期检查本单位安全措施的落实情况，及时排除安全隐患；对可能发生的旅游突发事件及采取安全防范措施的情况，应当按照规定及时向所在地人民政府或者人民政府有关部门报告。

第八条 旅游经营者应当对其提供的产品和服务进行风险监测和安全评估，依法履行安全风险提示义务，必要时应当采取暂停服务、调整活动内容等措施。

经营高风险旅游项目或者向老年人、未成年人、残疾人提供旅游服务的，应当根据需要采取相应的安全保护措施。

第九条 旅游经营者应当对从业人员进行安全生产教育和培训，保证从业人员掌握必要的安全生产知识、规章制度、操作规程、岗位技能和应急处理措施，知悉自身在安全生产方面的权利和义务。

旅游经营者建立安全生产教育和培训档案，如实记录安全生产教育和培训的时间、内容、参加人员以及考核结果等情况。

未经安全生产教育和培训合格的旅游从业人员，不得上岗作业；特种作业人员必须按照国家有关规定经专门的安全作业培训，取得相应资格。

第十条 旅游经营者应当主动询问与旅游活动相关的个人健康信息，要求旅游者按照明示的安全规程，使用旅游设施和接受服务，并要求旅游者对旅游经营者采取的安全防范措施予以配合。

第十一条 旅行社组织和接待旅游者，应当合理安排旅游行程，向合格的供应商订购产品和服务。

旅行社及其从业人员发现履行辅助人提供的服务不符合法律、法规规定或者存在安全隐患的，应当予以制止或者更换。

第十二条 旅行社组织出境旅游，应当制作安全信息卡。

安全信息卡应当包括旅游者姓名、出境证件号码和国籍，以及紧急情况下的联系人、联系方式等信息，使用中文和目的地官方语言（或者英文）填写。

旅行社应当将安全信息卡交由旅游者随身携带，并告知其自行填写血型、过敏药物和重大疾病等信息。

第十三条 旅游经营者应当依法制定旅游突发事件应急预案，与所在地县级以上地方人民政府及其相关部门的应急预案相衔接，并定期组织演练。

第十四条 旅游突发事件发生后，旅游经营者及其现场人员应当采取合理、必要的措施救助受害旅游者，控制事态发展，防止损害扩大。

旅游经营者应当按照履行统一领导职责或者组织处置突发事件的人民政府的要求，配合其采取的应急处置措施，并参加所在地人民政府组织的应急救援和善后处置工作。

旅游突发事件发生在境外的，旅行社及其领队应当在中国驻当地使领馆或者政府派出机构的指导下，全力做好突发事件应对处置工作。

第十五条 旅游突发事件发生后，旅游经营者的现场人员应当立即向本单位负责人报告，单位负责人接到报告后，应当于1小时内向发生地县级旅游主管部门、安全生产监督管理部门和负有安全生产监督管理职责的其他相关部门报告；旅行社负责人应当同时向单位所在地县级以上地方旅游主管部门报告。

情况紧急或者发生重大、特别重大旅游突发事件时，现场有关人员可直接向发生地、旅行社所在地县级以上旅游主管部门、安全生产监督管理部门和负有安全生产监督管理职责的其他相关部门报告。

旅游突发事件发生在境外的，旅游团队的领队应当立即向当地警方、中国驻当地使领馆或者政府派出机构，以及旅行社负责人报告。旅行社负责人应当在接到领队报告后1小时内，向单位所在地县级以上地方旅游主管部门报告。

第三章 风险提示

第十六条 国家建立旅游目的地安全风险（以下简称风险）提示制度。

根据可能对旅游者造成的危害程度、紧急程度和发展态势，风险提示级别分为一级（特别严重）、二级（严重）、三级（较重）和四级（一般），分别用红色、橙色、黄色和蓝色标示。

风险提示级别的划分标准，由国家旅游局会同外交、卫生、公安、国土、交通、气象、地震和海洋等有关部门制定或者确定。

第十七条 风险提示信息，应当包括风险类别、提示级别、可能影响的区域、起始时间、注意事项、应采取的措施和发布机关等内容。

一级、二级风险的结束时间能够与风险提示信息内容同时发布的，应当同时发布；无法同时发布的，待风险消失后通过原渠道补充发布。

三级、四级风险提示可以不发布风险结束时间，待风险消失后自然结束。

第十八条　风险提示发布后，旅行社应当根据风险级别采取下列措施：

（一）四级风险的，加强对旅游者的提示。

（二）三级风险的，采取必要的安全防范措施。

（三）二级风险的，停止组团或者带团前往风险区域；已在风险区域的，调整或者中止行程。

（四）一级风险的，停止组团或者带团前往风险区域，组织已在风险区域的旅游者撤离。

其他旅游经营者应当根据风险提示的级别，加强对旅游者的风险提示，采取相应的安全防范措施，妥善安置旅游者，并根据政府或者有关部门的要求，暂停或者关闭易受风险危害的旅游项目或者场所。

第十九条　风险提示发布后，旅游者应当关注相关风险，加强个人安全防范，并配合国家应对风险暂时限制旅游活动的措施，以及有关部门、机构或者旅游经营者采取的安全防范和应急处置措施。

第二十条　国家旅游局负责发布境外旅游目的地国家（地区），以及风险区域范围覆盖全国或者跨省级行政区域的风险提示。发布一级风险提示的，需经国务院批准；发布境外旅游目的地国家（地区）风险提示的，需经外交部门同意。

地方各级旅游主管部门应当及时转发上级旅游主管部门发布的风险提示，并负责发布前款规定之外涉及本辖区的风险提示。

第二十一条　风险提示信息应当通过官方网站、手机短信及公众易查阅的媒体渠道对外发布。一级、二级风险提示应同时通报有关媒体。

第四章　安全管理

第二十二条　旅游主管部门应当加强下列旅游安全日常管理工作：

（一）督促旅游经营者贯彻执行安全和应急管理的有关法律、法规，并引导其实施相关国家标准、行业标准或者地方标准，提高其安全经营和突发事件应对能力；

（二）指导旅游经营者组织开展从业人员的安全及应急管理培训，并通过新闻媒体等多种渠道，组织开展旅游安全及应急知识的宣传普及活动；

（三）统计分析本行政区域内发生旅游安全事故的情况；

（四）法律、法规规定的其他旅游安全管理工作。

旅游主管部门应当加强对星级饭店和A级景区旅游安全和应急管理工作的指导。

第二十三条　地方各级旅游主管部门应当根据有关法律、法规的规定，制定、修订本地区或者本部门旅游突发事件应急预案，并报上一级旅游主管部门备案，必要时组织应急演练。

第二十四条　地方各级旅游主管部门应当在当地人民政府的领导下，依法对景区符合安全开放条件进行指导，核定或者配合相关景区主管部门核定景区最大承载量，引导景区采取门票预约等方式控制景区流量；在旅游者数量可能达到最大承载量时，配合当地人民政府采取疏导、分流等措施。

第二十五条　旅游突发事件发生后，发生地县级以上旅游主管部门应当根据同级人民政府的要求和有关规定，启动旅游突发事件应急预案，并采取下列一项或者多项措施：

（一）组织或者协同、配合相关部门开展对旅游者的救助及善后处置，防止次生、衍生事件；

（二）协调医疗、救援和保险等机构对旅游者进行救助及善后处置；

（三）按照同级人民政府的要求，统一、准确、及时发布有关事态发展和应急处置工作的信息，并公布咨询电话。

第二十六条　旅游突发事件发生后，发生地县级以上旅游主管部门应当根据同级人民政府的要求和有关规定，参与旅游突发事件的调查，配合相关部门依法对应当承担事件责任的旅游经营者及其责任人进行处理。

第二十七条　各级旅游主管部门应当建立旅游突发事件报告制度。

第二十八条　旅游主管部门在接到旅游经营者依据本办法第十五条规定的报告后，应当向同级人民政府和上级旅游主管部门报告。一般旅游突发事件上报至设区的市级旅游主管部门；较大旅游突发事件逐级上报至省级旅游主管部门；重大和特别重大旅游突发事件逐级上报至国家旅游局。向上级旅游主管部门报告旅游突发事件，应当包括下列内容：

（一）事件发生的时间、地点、信息来源；

（二）简要经过、伤亡人数、影响范围；

（三）事件涉及的旅游经营者、其他有关单位的名称；

（四）事件发生原因及发展趋势的初步判断；

（五）采取的应急措施及处置情况；

（六）需要支持协助的事项；

（七）报告人姓名、单位及联系电话。

前款所列内容暂时无法确定的，应当先报告已知情况；报告后出现新情况的，应当及时补报、续报。

第二十九条　各级旅游主管部门应当建立旅游突发事件信息通报制度。旅游突发事件发生后，旅游主管部门应当及时将有关信息通报相关行业主管部门。

第三十条　旅游突发事件处置结束后，发生地旅游主管部门应当及时查明突发事件的发生经过和原因，总结突发事件应急处置工作的经验教训，制定改进措施，并在30日内按照下列程序提交总结报告：

（一）一般旅游突发事件向设区的市级旅游主管部门提交；

（二）较大旅游突发事件逐级向省级旅游主管部门提交；

（三）重大和特别重大旅游突发事件逐级向国家旅游局提交。

旅游团队在境外遇到突发事件的，由组团社所在地旅游主管部门提交总结报告。

第三十一条　省级旅游主管部门应当于每月5日前，将本地区上月发生的较大旅游突发事件报国家旅游局备案，内容应当包括突发事件发生的时间、地点、原因及事件类型和伤亡人数等。

第三十二条　县级以上地方各级旅游主管部门应当定期统计分析本行政区域内发生旅游突发事件的情况，并于每年1月底前将上一年度相关情况逐级报国家旅游局。

第五章　罚　则

第三十三条　旅游经营者及其主要负责人、旅游从业人员违反法律、法规有关安全生产和突发事件应对规定的，依照相关法律、法规处理。

第三十四条　旅行社违反本办法第十一条第二款的规定，未制止履行辅助人的非法、不安全服务行为，或者未更换履行辅助人的，由旅游主管部门给予警告，可并处2000元以下罚款；情节严重的，处2000元以上10000元以下罚款。

第三十五条　旅行社违反本办法第十二条的规定，不按要求制作安全信息卡，未将安全信息卡交由旅游者，或者未告知旅游者相关信息的，由旅游主管部门给予警告，可并处2000元以下罚款；情节严重的，处2000元以上10000元以下罚款。

第三十六条　旅行社违反本办法第十八条规定，不采取相应措施的，由旅游主管部门处2000元以下罚款；情节严重的，处2000元以上10000元以下罚款。

第三十七条　按照旅游业国家标准、行业标准评定的旅游经营者违反本办法规定的，由旅游主管部门建议评定组织依据相关标准作出处理。

第三十八条　旅游主管部门及其工作人员违反相关法律、法规及本办法规定，玩忽职守，未履行安全管理职责的，由有关部门责令改正，对直接负责的主管人员和其他直接责任人员依法给予处分。

第六章　附　则

第三十九条　本办法所称旅游突发事件，是指突然发生，造成或者可能造成旅游者人身伤亡、财产损失，需要采取应急处置措施予以应对的自然灾害、事故灾难、公共卫生事件和社会安全事件。

根据旅游突发事件的性质、危害程度、可控性以及造成或者可能造成的影响，旅游突发事件一般分为特别重大、重大、较大和一般四级。

第四十条　本办法所称特别重大旅游突发事件，是指下列情形：

（一）造成或者可能造成人员死亡（含失踪）30人以上或者重伤100人以上；

（二）旅游者500人以上滞留超过24小时，并对当地生产生活秩序造成严重影响；

（三）其他在境内外产生特别重大影响，并对旅游者人身、财产安全造成特别重大威胁的事件。

第四十一条　本办法所称重大旅游突发事件，是指下列情形：

（一）造成或者可能造成人员死亡（含失踪）10人以上、30人以下或者重伤50人以上、100人以下；

（二）旅游者200人以上滞留超过24小时，对当地生产生活秩序造成较严重影响；

（三）其他在境内外产生重大影响，并对旅游者人身、财产安全造成重大威胁的事件。

第四十二条　本办法所称较大旅游突发事件，是指下列情形：

（一）造成或者可能造成人员死亡（含失踪）3人以上10人以下或者重伤10人以上、50人以下；

（二）旅游者50人以上、200人以下滞留超过24小时，并对当地生产生活秩序造成较大影响；

（三）其他在境内外产生较大影响，并对旅游者人身、财产安全造成较大威胁的事件。

第四十三条　本办法所称一般旅游突发事件，是指下列情形：

（一）造成或者可能造成人员死亡（含失踪）3 人以下或者重伤 10 人以下；

（二）旅游者 50 人以下滞留超过 24 小时，并对当地生产生活秩序造成一定影响；

（三）其他在境内外产生一定影响，并对旅游者人身、财产安全造成一定威胁的事件。

第四十四条　本办法所称的“以上”包括本数；除第三十四条、第三十五条、第三十六条的规定外，所称的“以下”不包括本数。

第四十五条　本办法自 2016 年 12 月 1 日起施行。国家旅游局 1990 年 2 月 20 日发布的《旅游安全管理暂行办法》同时废止。